W0244032

EZ DUT GEHIAGO NEGARRIK EGINGO

Ama negarrez gelditu zen aireportuan, beti bezala, azken despedida egiteko unea iritsitakoan. Musu haundi-haundi bat eman zidan, baina, hala ere, nik ez nuen negarrik egin. Egia esan, nahikoa gizondu naiz azkenaldi honetan. Gurasoen adiskideak gure etxera etortzen direnean, bisitaldia egitera, edota beste edonor, sendagilea, esate baterako, bada... denek esaten dute zenbat gizondu naizen azkenaldi honetan. Eta nik erantzuten diet galdera batekin, umore onez baldin banago: Zer esan duzu... asko gizendu naizela? Agian bai, halaxe izango da, baina ez zu bezainbat.

Egia esan, asko gizondu naiz, bai; orain mutiko luze, argala bihurtu naiz. Klasean hirugarren edo laugarren izango naiz altueran, eta argalenetakoa. Ez dut esango indartsuenetakoa naizenik, hori ez, ez baitut ia kirolik egiten klaseko ia beste guztiek bezala, baina asko aldatu naizela azken bizpahiru urteotan, hori bai.

Hasi naiz lehentxeago esaten nola zegoen ama aireportuan, beti bezala negarrez, aita eta biok abioia hartzera joan ginenean. Gauzak beti bezala eta ohizko eran gertatu ziren: ama negarrez eta aita hura lasaitzen, esanez isilik egoteko ez zela-eta ezer gertatzen, dena ongi zihoala eta laster batean egongo ginela berriz denok elkarrekin etxean, armonia ederrean. Ixidro gure anaia txikia ez zen etorri, etxean geratu baitzen aitonarekin, bata bestea zaintzen nonbait. Gertatu zen aparteko eta ez ohizko gauza bakarra zera izan zen, lehenbizikoz nik ez nuela negar egin halako despedida batean, eta hortxe duzue, nik uste, mutiko haundi eta heldua egin naizen zalantza gabeko seinalea.

Azken hilabete hauetan oso ongi zebilen aita osasunez, lana normal egiten zuen eta denboraldi luzea zeraman gaixo jarri gabe, ohean kieto egon beharrik gabe, aspaldi batean egon behar izan zuen bezalaxe. Eta oso harritzekoa bada ere, lanean ongi omen zihoazen negozioak, inoiz baino hobeto. Gure aita, osasunez ongi dabilenean, maiz bidaiatu beharreko gizona da, lanean batetik bestera bidaltzen dutelarik sarritan. Eta halaxe suertatu zen oraingo honetan ere. Negozio bidaia egokitu zitzaion Europako iparralderantz, Suediara joan beharra baitzuen eta handik, agian, zenbait egunetarako, Norvegiara ere bai joan-etorri azkar bat egitera.

Nik suertea izan nuen oraingo honetan eta zera aitortu behar, gauzak batzuetan halaxe izaten direla. Nik Aste Santuko oporrak neuzkan, beraz, libre nengoen hamazazpi egunez. Ez neukan ezer egitekorik eta gurasoek ni ere aitarekin Suediara joango nintzela erabaki zuten. Ni ezin kontentuago nengoen. Baiezkoa eman nien lehen momentutik, ez nuen duda izpirik egin ezta segundu batez ere.

Lehen esan dizuedan bezala nik sentitzen nuen niregan ez nintzela lehengoa. Nabari nuen enegan ez nintzela lehengo Risky hura, beste berri (eta helduago bat) baino. Ez neukan batere gogorik, berriz ere Aste Santuko oporrak iritsi eta urtero bezalaxe, nire koadrilako lagun kankailu haiekin betiko planak egiten ibiltzeko. Zerbait berria eta diferentea behar nuen oraingo oporraldi honetarako. Eta orain bertan esango dizuet zergatik behar nuen zerbait ezberdina eta ezohizkoa bakazioetarako.

Bi arrazoi sekretu eta ezkutupeko eman behar dizkizuet nire garai horretako egoera nolakoa zen esplikatzearren. Egia esan, hiru dira arrazoi horiek baina hauetako bat oraintxe bertan azaldu dizuet. Hauxe da:

BAT) Ez nuen inolako gogorik betiko gauzak egiten ibiltzeko betiko nire koadrilako lagun kankailu horiekin. Aspertuta bainengoen bakazio guztietan betiko gauzak egiteaz, betiko lekuetara joateaz, betiko jendea ikusteaz eta betiko moduan ezin gehiago aspertuta etxera itzultzeaz.

BI) Beste Risky berri bat nintzen. Ez nintzen betiko Risky hura. Orain helduago ikusten nuen neure burua, gizonago eta edadetuago. Eta hauek ez dira hitz hutsak edo hutsalak.

Gauean, ohean eta ametsetan nengoela nonbait, isuri egin nuen maindiretan dena. Eta gauerdian esnatu nintzen, asaldaturik baina oso ongi zer gertatu zitzaidan jakiteke. Argia piztu eta handik gutxira ohartu nintzen gertatu zitzaidanaz: pijama galtzak bustita neuzkan isuriaz eta baita maindiretan halako mantxa haundi eta itsusi bat eginda ere. Gogoan dut ametsetan ari nintzela bapatean guztiz bustita esnatu aurretik. Anuxkarekin ari nintzen ametsetan eta gu biok oporretan joanak ginen tropikoetan dauden isla horietako hondartza bakar, apartatu batera. Eguraldi zoragarria egiten zuen, eguzkiak bete-betean jotzen zuelarik modu itsugarri batean. Izerditan blai geunden biok eta ni bainatzera joana nintzen. Itsasotik irtetean korrika hurbildu nintzen, atzetik, Anuxkarengana eta bikinia askatzen hasi nintzaion, atzeko aldeko lokarriak soltatu nahian. Bera ez zen deus ere mugitzen. Nik bularretakoa erantzi nion eta nire esku bustiez atzetik ikutzen nizkion bere bular mardultxoak, eta bera ez zen mugitzen, baina urrutitik datorren abots bitxia erabiliz esaten zidan: "Risky, Risky busti egiten didak dena, dena bustitzen didak orain".

Eta orduantxe esnatu nintzen, bapatean asaldaturik eta goitik behera bustita, pijama blai, maindireak ere blai, isuri txuriak den-dena bustitzen ninduela...

Biharamunean nik tontoarena egin nuen, despistatuarena... eta baita amak ere. Ez baitzidan ezer esan. Nik ere ez nion ezer esplikatu... nola esplikatuko nion, bada? Momentuan bertan hilgo nintzatekeen lotsak akabaturik. Baina hurrengo gauerako hantxe neuzkan maindire berriak, pijama garbia ohean jarrita. Inork ez zuen ezer esan, baina ni konturatu nintzen ez nintzela jadanik, eta lehen bezala, mutiko txiki bat gure anaia txikia bezalakoa...

HIRU) Hirugarren ezkutupeko arrazoia hauxe da, nire ustez, sinpleena azaltzen baina baita ere zailena eta latzena sufritzen eta aguantatzen. Garbi eta aguro esatearren: nire harremanak

Anuxkarekin ezin okerrago zihoazen. Garbiago esateko oraindik: ez nuen inolako harremanik Anuxkarekin. Ez baitzidan kasurik egiten. Koadrilako lagun guztien ahotan zebilen kontua eta, ni gehiago mintzearren, behin eta berriz errepikatzen zidaten historia hura. Alegia, Anuxka beste morroi batekin zebilela guztiz enamoratuta, Aurelio deitzen den morroi txotxolo batekin zebilela seko maiteminduta, erabat zintzilikatuta morroi higuingarri horrekin.

Ni mundu honetatik bapatean desagertu izan banintz ere, hari berdin-berdin zitzaiokeen, bere begiak Aurelio horrentzat bakarrik baitzeuden jarriak eta hortik aparte ez zegoen beste ezer berarentzat.

Nik aurrena ez nuen sinestu nahi hori egia zenik. Lagunak isilarazten nituen esanez hori gezurra zela eta ez aritzeko gehiago niri adarra jotzen, etabar, etabar... Baina nire koadrilakoak ere nonbait aspertu ziren nire erretolika penagarri horrekin eta egun batean, beste ezer gehiago esateke, zita jarri zidaten arratsaldeko seietan Zumardi Haundiko parkean. Joateko hara esandako orduan eta gero hitz egingo genuela. Oso ordu txarra zen niretzat arratsaldeko seiak, orduan baitaukat nik ingeleseko klase partikularra, baina ez nuen dudarik egin. Arazo hark klase bat galtzea merezi zuela eta halaxe azaldu nintzen arratsalde hartan beraiek esandako lekuan eta ordu jakin hartan.

Ni ailegatzerako hantxe neuzkan kankailu haiek, harrizko eserleku batean, nire zain, irribarrez, ni iristen ikusi nindutelako eta elkarri xuxurlaka jakin ezazu zelako pitokeriak esaten nire gainean. Beti bezala Zumardi Haundia jendez gainezka zegoen ordu hartan. Harrizko eserleku haundi haiek okupaturik zeuden guztiak, gazte koadrilekin, bikote enamoratuekin, umezain zebiltzan amatxo eta neskameekin... Mendiari eusten dion hormatzarraren kontra eta zintzilik eskalada egiten aritzen diren horietako batzuk, beste zeregin hoberik aurkitu ezean, ikus zitezkeen beren soka, gako, tramankulu eta tresneria guztiarekin. Harritzekoa bada ere autopista gainetik zintzilikatzen diren horiek, "puenting" egitera etortzen direnak, artean azaltzeke zeuden.

Ni, egia esan, bestelako kezka batek zintzilikatzen ninduen une hartan, gero eta urduriagotzen ninduena gainera. Koadrilakoek niri begiratzen zidaten eta irribarre txatxu batean jarraitzen zuten. Baina ez zidaten ezer esaten eta konturatu nintzen arratsalde hartan nire kontura pasa nahi zutela unetxo egoki bat, burlaka eta olgetan, eta haiengandik ez nuela atarramendu onik aterako. "Txoro arraio hauek ez zidatek gaur gauza onik erakutsiko!", pentsatu nuen neure artean... eta handik gutxira baieztatu nuen egia zela nire susmo txar hura.

Eskubitara, Zumardi Haundia amaitzen den aldera, bazeuden lauzpabost harrizko eserleku haundi ilaran jarriak, gu geunden lekutik erdi ezkutaturik geratzen zirenak. Horietako batean, ia Zumardiaren beste muturrean geratzen zenean, neska-mutil koadrila bat ikusten nuen beren motor eta mountain-bizikletekin. Hasieran ez nuen gauza haundirik antzematen bi bikote musukatzen ari zirela ezik eta nire koadrilako kankailuak gero eta barre algaratsuagoak ari zirela egiten ez bazen. Oraindik ere ez nuen ezer garbirik antzematen baina, ez dakit nola eta zergatik, bapatean hasi nintzen urduri samar jartzen halako hotzikara batek bortizki inarrosiko banindu bezalaxe.

Trakatan-trakatan zaldi gainean joaten garen gisan zegoen neskato bat harrizko eserlekuan jarrita, mutiko baten gainean. Ezin nien aurpegirik ikusi, bakarrik neskaren ileadatsa antzeman nezakeen atzetik, ederki asko gainera. Mutiko hark ez zion neskari segundu batez ere arnasa hartzen uzten, etengabe musukatzen baitzuen, behin eta berriro. Neskak ez zuen burua apartatzen ezta kasualidadez ere, eta hantxe jarraitzen zuten biek, jo eta ke. Mutikoak belaunei eragiten zien, gora eta behera, hipodromoko zaldi lasterketa batean finalera ailegatzeko zorian baileuden. Nire inguruko kankailuek algara batean jarraitzen zuten, builaka eta garrasika, eta besotik oratuz haietako txepetx batek esaten zidan:

—Begira ezak, Risky, ito ere egingo dituk laster!

Eta haietako beste txotxolo batek:

—Tira, Risky, ikusi, ikusi nola egiten diren gauzak ondo! Eta ikasi ezak, heuk ere, noizbait!

Ez ziren, ez, haiek erraz isilduko... Ordurako ni oso gaizki sentitzen nintzen. Ulertu bainuen, azkenik, nora zihoan hura guztia.

Bai, asmatu duzue: Anuxka zen!

Anuxka zen musukatzen ari zena morroi nazkagarri harekin. Morroi nazkante, higuingarri harekin. Aurelio du izena, eta tipo ezin nazkagarriagoa da, benetan. Gorroto diot, nazka diot, ezin ditut irentsi bere haundinahitasun eta panparroikeria horiek.

Hil nahi izan nuen une horretantxe. Gorri-gorri eginda nengoen, ez dakit lotsaz edo gorrotoz edota nazkaz. Hantxe jarraitzen zuten nire koadrilakoek barrezka nire kontura, burlaka eta niri adarra jotzen. Hantxe segitzen zuten, berdin-berdin, Anuxka eta Aurelio higuingarriek elkar musukatzen. Ez ziren ez erraz aspertzen. Nik hil nahi nuen, baina hantxe segitzen nuen, ezin lotsatuago, amorruz itotzen, hitzik esan gabe, geldi-geldi. Hotzikara batek dardarrean jartzen zidan bizkarrezurra, baina aldi berean sutan nengoen, kopeta eta eskuak izerdi patsetan blai.

—Hi tontua haiz, motel! Ez al dakik egunero etortzen direla hona, saiotxo bat egitera! —esan zidan baten batek. Nik, ordurako, ezin nuen hura dena jasan eta inori ezer esan gabe, buelta eman eta korrika alde egin nuen handik etxerantz.

Uste dut, etxerako bidean, inor ez zela konturatu, baina negarrez ailegatu nintzen. Ezin izan nuen gehiago aguantatu. Banekien aspalditik ez zidala Anuxkak kasu haundiegirik egiten eta hori zela-eta nik, adiskideen aurrean, morroi hotz eta gogorrarena egiten nuen, hura guztia niretzat garrantzi gabeko gauza balitz bezalaxe. Baina gezurretan ari nintzen lagunekin eta baita neure burua engainatzen ere...

Uste dut orain hobetoxeago ulertuko duzuela zergatik oporraldi hartan ez nuen nire adiskideekin egon nahi, urtero bezala, eta ikusi duzue, baita ere, nola zeuden nire harremanak Anuxkarekin (ezin okerrago!). Horregatik baiezkoa eman nion, itsu-itsuan gainera, aitari Aste Santuko bakazioak Suedian pasatzeko eskaintza luzatu zidanean. Hain gaizki nengoen une hartan ze galdetu izan balit ea betirako Suedian bizitzen geratuko ginen, duda izpirik gabe baiezko borobila emango niokeen.

Gerora jakin izan nuen pittin bat gehixeago Anuxka eta Aurelio higuingarriaren arteko erromantze hartaz. Baina nahiko kostatu zitzaidan horretaz ere jabetzea, etzazuela pentsa! Begira zer nolako mutiko txatxuak diren nire koadrilako lagun horiek... Hasieran, esan dizuedan gisan, nitaz barrezka eta burlaka aritzen ziren. Baina berehalaxe ohartu ziren zenbat ari nintzen ni sufritzen eta gaizki pasatzen. Haietako bati ere (nire etxe ondoan bizi den Jabiertxori) esan bainion zenbat negarraldi egiten nuen nire gelako bakardade ilunean.

Jabiertxok besteei kontatuko zien eta handik aurrera nirekiko portaera erabat aldatu zuten. Handik aurrera leunago eta lagunkoiago hasi ziren nirekin azaltzen. Ikusten zuten nire sufrikario latza. Ez ziren gehiago nitaz burlatzen eta saiatu ziren laguntza modukoa ematen ere. Haiei esker jakin nuen pittin bat gehiago Anuxka eta Aurelio higuingarriaren arteko erromantze hartaz.

Anuxka neska-mutil koadrila berri batekin hasia zen ibiltzen. Haietako bat zen Aurelio, morroi gorrotagarri hori, eta horrekin maitemindu omen zen, ziotenez, Anuxka. Aureliok, eta bere koadrilako ia guztiek, moto-krossean ibiltzeko motor bana zuten eta beste batzuek mountain-bike horietakoak. Arratsaldero biltzen ziren Zumardi Haundian eta Aureliok bere motorrean paseatzen zuen Anuxka, beste guztien inbidiarako. Eta paseatzen ez zuen momentuetan, bada, parkeko bazter batera eramaten omen zuen eta hantxe, biok eserita, zaldi lasterketa moduko hari ekiten zioten, behin eta berriz, aspertu gabe eta elkar musukatzeari ordutan eta ordutan...

Gauza bat aitortu behar dizuet: halako hutsune bat barruratzen zaizunean, halako samintasuna nabari duzunean zuregan, halako sufrikarioa daramazunean egunero zurekin batera... oso gauza gutxik sendatu ahal zaitu. Ez dago munduan ia min horretarako sendabiderik. Ez etxean gurasoekin, ez kalean edota klasean adiskideekin, ezta zure gelako bakardade ilunean... ezerk ere ez zaitu sosegatzen, ezertxok ere ez dizu lasaitasun modukorik eskaintzen. Burua joanda bezala daukazu egun guztian, eta bihotza mila puskatan txikituta aurkitzen duzu. Okerrena zera da, ezin diozula inori ezer esan. Eta esanda ere, alfer-alferrik izaten dela: lagun horiek, zu kontsolatu nahian, hitzak eta hitzak eta hitzak esango dizkizute... baina hitzak hitzak besterik ez dira, hots, hitz hutsak soilik, hemen eta Pernanbuco-n. Eta ez beste ezer. Ez dizute, une latz eta txar horietan, ezertarako ere balio.

Eguna, nola edo hala, pasatzen nuen. Oso gaizki, jakina, baina pasatzen zen. Klasean eta gero arratsaldean, lagunekin, distraitu samar ematen nuen eguna. Okerrena, ordea, gauekoa zen. Etxean afaldu eta gero zetorren unerik txarrena. Ez baineukan ezertarako gogorik. Telebista ikusteak nazka ematen zidan, ez nintzen kontzentratzen deusekin, berdin-berdin zitzaidan pantaila aurrean agerturiko edozer. Irakurri ere ezin nuen egin: ez nintzen inolaz ere istorioan barrena sartzen eta bigarren parrafoa irakurtzerakoan aurkitzen nuen burua beste nonbait neukala eta liburuan agertzen ziren pertsonaia guztiak azken batean bi baino ez zirela: Anuxkaren itxura hartzen zuena bata eta Aurelio higuingarriaren tankerakoa bestea. Eta jakina, berehalaxe utzi behar izaten nuen, hantxe bertan, liburu hura. Hilabete osoa joaten zen eta mesanotxe gainean neukan liburutik, agian, ez nituen ezta hamar orrialde ere irakurtzen...

Nire gelara erretiratzen nintzen, bada, afalostean eta ohe gainean etzanda jartzen nintzen musika entzuten... Orduak egoten nintzen horrela, mugitzeke, begiak itxita, musika entzuten. Ni modu hartan norbaitek ikusita dudarik gabe esango zukeen hilda nengoela. Aspertzen nintzenean, arropak erantzi eta ohera sartzen nintzen... eta orduantxe hasten zen nire kalbarioa.

Ezin lorik egin!

Begiak itxita ere berdin-berdin joaten zitzaizkidan Zumardi Haundirantz bi abioi txiki bailiren. Nire etxeko logelatik irteten zitzaizkidan, leihotik ziztu bizian, eta bi erreaktore gisan hiri gainetik joaten ziren parkerantz eta, parkeko zuhaitz eskerga eta harrizko eserlekuak abilki saihestuz, beste mugaraino iristen zitzaizkidan amen batean. Eta hantxe aurkitzen nituen biak, bata bestearen gainean jarrita, zaldi lasterketa moduko hartan saltoka, gora eta behera. Elkar musukatzen zuten beroki. Beroki eta goxoki. Eta ezpainak eta mihiak beren jokuan, sartu eta atera; eta eskuak ere, goitikan eta behetikan, batere deskantsurik hartu gabe...

Orduan nire bi begiak zabaldu behar izaten nituen, eta logelako nire sapaia aurrez aurre aurkitzen nuen argia piztutakoan. Kopeta eta bizkarraldea beti izerditan bustita, jaiki eta komunera joaten nintzen. Amak beti bere logelatik galdetzen zidan zertan ari nintzen hain berandu. Eta nik marmarka edozein gauza erantzuten nion komunetik eta berriro itzultzen nintzen nire ohera. Ordurako mesanotxeko iratzargailua kajoi barruan sartzeko ohitura hartua nuen, zeren bestela, zein berandu eta zer ordu zen jakinez gero, askozaz gehiago urduritzen bainintzen, eta hala, gero eta zailago egiten zitzaidan loak hartzea... Gauero berdin izaten zen sufrikario hura. Gauero berdintsu errepikatzen zen zoritxarreko katea.

Aspalditik mahai gainean neukan Anuxkaren erretratua kajoi barrura erretiratu nuen eta saiatzen nintzen haren izenarekin ere ez gogoratzen.

Denboraldi hartan hitz gutxiko mutila bihurtu nintzen eta nahiko zakarra, eta purrustada errazekoa, nola klasekoekin hala etxekoekin ere.

Herriko gazte guztiak konturatzen ziren, nik uste, pasatzen zitzaidanaz: nire adiskideak, klaseko kideak, partikularrekoak, auzokoak... den-denak ohartzen ziren nire desgraziaz eta nire zorigaitzaz.

Zenbait egunetan ni, inozo ergel hau, alaitzen nintzen pittin bat eldarnio txoro batekin pentsatzen hasterakoan. Iruditzen baitzitzaidan, ba, herriko gazte guztiak ordurako konturatu baziren zenbat ari nintzen nozitzen egun txar haietan, ba, behar bada Anuxka ere, herriko gazte arrunt bat zen aldetik, jabetua izango zela nire egonezinaz... eta agian nirekin kupituko zela eta zerbait egingo zuela larrialdi anker hura nolabait niri arintzearren.

Zer egin behar zuen orduan Anuxkak? Bada, ez dakit zuzenki. Nekien gauza bakarra zera zen, nik nahi nuena. Eta nik nahi nuena zera zen, Anuxka niregana etortzea eta niri kasu egitea normalki, lagun min batek besteari egingo liokeen moduan, hots, goxoki, maitekiro, amoroski...

Eta aldi berean eta bide batez, Aurelio higuingarria Anuxkak utz zezan nahi nuen, jo ziezaiola ostikoa ipurdialdean eta, pasaportea betirako eman ondoren, niregana itzul zedila ostera ere... baina betirako oraingo honetan.

Eta zer egin zuen orduan Anuxkak? Bada, ezertxo ere ez. Ez zidan lehen baino gehiago kasu zipitzik ere egin: ez zidan begiratu ere egiten. Jakina, usteak erdia ustel izaten dutela dio esaera zaharrak —beno, esan-esan, gure aitona Luzianok esaten du hori beti— eta nire kasu honetan, behintzat, halaxe suertatu zen. Anuxkak Aurelio higuingarriarekin jarraitu zuen, goxo-goxo, eta nik, lehen bezalaxe, bakar-bakarrik.

Bakar-bakarrik geratu nintzela esan dizuet eta are gehiago aitortuko nizueke inolako lotsarik gabe: munduko gazterik bakartiena bilakatu nintzela egun haietan. Bakartienetan bakartiena. Bakartienen txapeldunen artean txapelduna.

Iristen nintzen arratsaldean etxera eta bakar-bakarrik entzerratzen nintzen neure gelan. Hantxe egoten nintzen orduak eta orduak inorekin hitz egin gabe. Eta halaxe nengoela, egoera penagarri hartan, lau gauza egitea besterik ez zitzaidan posible. Eta lau gauza horiek egiten nituen egun batean bai, eta hurrengoan ere bai eta baita hurrengoan eta biharamunean ere. Eta hauexek ziren lau gauza haiek:

BAT) Ohean etzan eta ohean etzanda geratu orduak eta orduak, higitzeke, batzuetan begiak hertsirik eta itxita beste batzuetan, baina mugitu gabe han kieto etzanda.

BI) Walk-man entzungailuak jantzi eta ohe gainean musika entzuten egon aspertu arte, hots, afalordurarte. Orduan etorriko zitzaidan Ixidro nire anaia txikia afaltzera joateko abisatuz, ate joka.

HIRU) Ohetik altxatu eta nire mahaira joan. Hango kaxoitik Matilda atera eta harekin hasi jokatzen. Matilda makina bat da, oso azkarra bera. Xake makina da, gurasoek aspaldi erregalatu zidatena. Beraren kontra hasten naiz xake partida jokatzen eta dagoeneko bigarren mailan nago. Esan bezala, oso azkarra da eta gainera zortzi maila dauzka zein baino zein zailagoak. Pieza txuriak aukeratzen baditut iritsi izan naiz hirugarren mailaraino, baina pieza beltzak aukeratzen baditut, berriz ere irabazten dit errazki partida, eta ostera ere jaitsi beharra izaten dut bigarren mailaraino.

Esan bezala, egun triste hauetan Matilda zen nire adiskide bakarra eta leialena. Ez zidan inoiz errietarik egiten, ez zidan sekula inolako argibiderik eskatzen, ez zitzaidan nolanahi protestaka eta kexaka hasiko; ez zidan, azken finean, inoiz deus ere exijituko. Horrexegatik zen, hain zuzen, nire adiskiderik min eta lagunkoiena.

LAU) Berriz ere ohean etzan, xake makinarekin erabat aspertuta, eta begiak hertsita edota itxitzeke Anuxkarekin hasten nintzen pentsatzen.

Ezin gogotik hura aldendu!

Batzuetan, ordea, gogo bihurri eta gaizto honek gauzak oraindik ere gehiago nahi izaten zituen hondatu eta hala, bide zuzen eta egokitik gero eta gehiago desbideratuz hasten zitzaidan Higuingarriaren irudia bidaltzen, halako indarrez non azkenerako ezin bainezakeen alde batera apartatu eta lortzen baitzuen Anuxkaren irudia bera ere ezabatzea...

(Bai, asmatu duzue. Higuingarria Anuxkaren nobio berri hori zen. Aurelio nazkagarri horixe).

Gauzak, egun hits haietan, horrelaxe zeuden: nik esan bezala eta ezin okerrago niretzat. Laster iritsiko ziren Aste Santuko oporrak eta dena kobazulorik ilunena baino beltzago ikusten nuen, itsu batek ikus dezakeena baino gehiago, hogeita hamar urterako presondegian kondenaturik dagoenak duen itxaropena baino goibelago. Halaxe nengoen ni egun haietan.

Eta orduantxe etorri zitzaidan aita Suediako kontu harekin! Nik horrelako zerbait gehien behar nuen momentuan! Zerbait berri eta diferentea behar bainuen nik oporraldi haietarako: burutik uxatu nahi nituen nire larrialdi eta ezinegon guztiak... eta lehenbailehen!

Aitak, afaltzen ari ginen bitartean, kontatu zizkidan nondik norakoak. Eta egia esan, bera hitz egiten hasi orduko eman nion nik baiezkoa. Berdin-berdin baitzitzaidan edozein lekutara joanda ere. Esan balit Tanzaniako lurralde apartatu eta bakartienera joan behar genuela, bertako indigena basatiekin batera urtebete pasatzera, berdin emango niokeen baiezkoa duda izpirik egin gabe. Esan balit mendi punta baten gainean geratuko ginela bizitzen handik aurrera... primeran niretzat. Edo leizezulo batera sartuko ginela, edota Vetierrora gindoazela bizitzera betirako... dena berdin zitzaidan niri orduan. Edozein gauza onartzeko prest bainengoen...

Suedia! Suedia! Suedia!

Halaxe oihukatzen nuen etengabe nire gelan izen miresgarri hura. Matilda kaxoi barruan sartu nuen berriz eta walk-mana ere alde batera baztertu. Entziklopedia bila joan nintzen egongelara eta zortzigarren alea hartu nuen, S letra zeukana. Altxor preziatu harekin berriz erretiratu nintzen neure ohera. Hain nengoen pozik eta urduri non erori bainintzen ate ondoan, korrika joateagatik, entziklopedia alea eta guzti, estropozu egin ondoren. 2255. orrialdean zabaldu nuen eta SUEDIA sarrera irakurtzeari ekin nion gogo biziz.

Jakinmin haundiz irakurri nuen behin eta berriz Suediari buruzko orrialde pare hura. Eta biziki gustatu zitzaidan han zetorrena eta esaten zuena. Baina gauza batek kezkatu ninduen pittin bat, ez gehiegi, egia esan. Alegia, ez zetorrela

Suediako kapitalean dagoen aireportuaren izena... Hau, behar bada, tontakeria galanta irudituko zaizue zuetariko batzuei, baina ez da hainbesterainokoa. Jakina, aurrena argitu beharko dizuet zergatik jakin nahi nuen nik aireportu haren izena eta zergatik zen hori niretzat hain garrantzizkoa. Baina horretarako azaldu beharko dizuet lehenik zertan datzan nire "Hari ikustezinen teoria"...

HARI IKUSTEZINEN TEORIA

Niri izugarri gustatzen zait hari ikustezinen antzematea. Nire ustea zera da: badirela hari ikustezin batzuk den-dena maneiatzen dutenak. Guk ezin ditugu ikusi, baina bai beraien eragina sentitu, eta sarritan nozitu ere. Pertsonak eta bizidunak nola bizigabeak eta gauzak, guztiok dauzkagu hari ikustezin horiek guregandik tiraka eta atezuan. Non hasten diren eta noraino iristen diren jakitea gustatzen zait, ahal bada behintzat.

Esate baterako, badago hari ikustezin bat niregandik hasten dena... baina ez doana Anuxkarenganaino (eten egin delako). Beste adibide bat: Anuxkarengandik ateratzen den hari ikustezina ez dator (ai, zoritxarreko ni!) nireganaino (oraingoz!), aldiz, Higuingarriaganaino doa, hots, Aurelio gorrotagarriaganaino.

Normalean eta gure eguneroko bizitzan ohizko gauzak egiten ditugu. Egunero gauza berberak, astero eta hilero eta urtero. Eta horri jendeak bizitzea deitzen dio. Gauzak normal eta ohi denez doazenean oreka moduko bat bilatzen diogu bizimoduari eta orduan esaten da hari ikustezinak ongi lotuta eta beren lekuetan daudela jarriak. Baina baita ere askotan gertatzen zaigu egun batean, inolako logika edota esplikaziorik gabe, halako tontakeriaren bat egiten dugula. Aparteko xelebrekeriak hasten garela egiten, askotan nahiko barregarri azaltzen garelarik. Hortxe duzue, bada, nola egiten digun tira hari ikustezinak alde batera edo bestera eta gu, txotxongilo xumeen gisan, harantza mugitu beharrean aurkitzen gara nahitanahiez.

Jende askori, bere bizitza osoan, ez zaio ezer apartekorik suertatzen, hari ikustezin horiek ongi teinkaturik dauzkatelako beti. Baina halako batean norbaiti hari horietako bat eten egiten bazaio... kontuz orduan! Arrisku haunditan sartuko baita seguraski eta ez bera bakarrik; gerta liteke bere inguruan dabiltzanak ere arrisku haunditan sartuak egotea.

Hari horietako bat askatu edo etetea ez da batere zaila izaten. Normalean gutako askori gertatu izan zaigu halako zerbait eta gainera, berehalaxe, ohartu gara haustura horretaz. Badirudi orduan gauza bitxi bat suertatzen zaigula. Ez dakigu zergatik (eta munduko zientzilari bizkor eta ospetsuenak ere ez datoz bat arazo honetan), baina badirudi laster batean eta bere kabuz osatzen dela etendako hari ikustezin hori eta handik gutxira beste berri batek teinkatzen gaituela. Badirudi gertatzen zaigula ilearekin edota azkazalekin gertatzen zaigun gauza bera: bat galdu orduko bestea sortzen zaigula haren atzetik.

Problema askozaz latzagoa da hari horietako bat ezin dugunean berriro osatu, solte moduan betirako geratzen zaigunean: orduan komeriak!

Horrexegatik esan dizuet nik lehen gustatzen zaidala jakitea non hasten diren eta noraino doazen hari ikustezin horiek. Eta hau hobeto uler dezazuen adibide historiko eta aski frogatu bat azalduko dizuet. (Entziklopedia-liburu batean irakurri nuen aspaldi).

Har dezagun, kasu, "naonato" deiturikoen adibidea. Aurrena esan behar dizuet ez duzuela nahastu behar izen latino hau beste honekin: "neonato". Bi izen hauek latinetik hartuak badira ere ez dute zer ikusirik. "Neonato" hitzarekin pertsona edo animalia bat "jaioberria" dela adierazi nahi dugu eta aldiz "naonato" hitzarekin adierazi nahi dugu pertsona edo animalia bat itsasontzi batean dela jaioa, normalean, itsaso erdian itsasontzi hori ibilaldi bat ari delako egiten.

Eman dezagun trasatlantiko eskerga bat Alejandriako portutik abiatzen dela itsasaldi luze bat osatzearren. Luxu haundiko trasatlantikoa bada turista aberatsez beteta joango da itsasontzi hori. Turismo-bakazioetan badoaz hilabeteko ibilaldia egingo dute gutxienez eta hala, Alejandriatik atera ondoren Mediterraneo osoa zeharkatuko dute eta Erromako portuan, Ostian, egingo dute geldialdi bat, erosketa batzuk egiteko. Handik, Korsika eta Sardinia atzean laga ondoren, Mallorca-ra iritsiko dira Palma de Mallorcan pare bat egunez atsedena hartzearren. Ostera ere itsasora. Cádiz izango da haien hurrengo portua eta gero, Kanariar irlak. Las Palmas ukitu beharko dute, nahitanahiez, bi egunez deskantsatu ondoren eta Azores irlak alde batera utzita, Hego Ameriketara branka zuzenduz abiatu baino lehen...

Eman dezagun badoazela egunak eta gauak aurrera eta ari dela trasatlantiko hori pixkana-pixkana Ameriketako kostaldera hurbiltzen. Eman dezagun afalorduan trasatlantikoko kapitainak turista guztiei abisatu diela biharamun arratsaldean joko dutela Brasilgo kostaldea, Río de Janeiro ziudadeko portua hain zuzen. Eta eman dezagun bikote aleman bat doala bidaiatzen itsasontzi horretan:

gizonezkoa diplomatikoa da eta emaztea haurdun dago. Diplomatiko alemana Alejandrian dago destinaturik eta oporraldiak aprobetxatuz bururatu zaie itsasaldi hori egitea Ameriketako zenbait leku interesgarri ezagutzearren. Esan bezala, emazte alemana haurdun dago eta oso aurreratua gainera.

Hain aurreratua dabil non gau horretan bertan erditzen da mutil koxkor malats batez. Mutil koxkor sendo, indartsua dirudi eta baita pisutsua ere: 4'325 kilo eman baititu pisuan. Goizaldean jabetzen dira jaiotze horretaz kapitaina eta besteak trasatlantiko horretan. Denak daude pozarren pozik eta Helmut deituko dela erabaki du diplomatiko alemanak. Gainera diplomatikoak jakinarazi dio kapitainari Río de Janeiro ukitu bezain aguro festa eder bat antolatzeko asmoarekin dabilela semetxoaren jaiotzea ospatzearren.

Baina, hari ikustezinen teoriara itzuliz eta axola zaigunari eutsiz, oraintxe dator benetako galdera garrantzitsu bezain bitxia: jaiotze paperak betetzerakoan, non jaioa dela uste duzue gure Helmut ttikia? Zein nazionalidade ote dauka eta zein ote da bere jaioterria?

Helmut, ikusi duzuenez, "naonato" da, itsaso erdian eta trasatlantiko batean jaioa. Zer jarri beharko da bere paperetan? Nongoa da bera, izatez?

Bada, harrigarria izanik ere hauxe da benetan gertatuko dena: Helmut-en gurasoak alemanak dira, Egiptoko Alejandrian bizi dira eta bere Helmut Brasilgo Río de Janeirotik oso gertu jaio arren ez da alemaniar, egiptoar edo brasildartzat hartua izango... madrildartzat baizik!

Bai, oso harrigarria da, baina baita nahikoa sinplea ere: itsasontzia atera den herriko hiriburuan jaioak dira "naonato" guztiak. Hots, gure trasatlantiko hau Kanariar irletatik atera da Brasilera joateko, beraz Kanariak irlak espainolak direnez gero, Helmut Espainiako hiriburuan, Madrilen, dela jaioa adieraziko dute bere paper guztiek...

Kasu honetan garbi ikusten da, hari ikustezinen teoriarekin jarraituz, Helmutengana datorren hari ikustezin horietako bat nahikoa solte dabilela, beraz zail samarra egingo zaiola hari horrek kontrolatzen dituen gauzak maneiatzea. Eta itsasontzian bezala hegazkinean ere berdin. Hegazkinean zoazenean badago hari ikustezin bat zaramatzana abiatzen zaren lekutik iritsiko zaren aireporturaino. Horrexegatik, hain zuzen, jakin nahi nuen nik Stockholm-eko aireportuaren izena zein zen.

Badakit oso zaila izan ohi dela eta askotan ezinezkoa ere bai, baina hala eta guztiz ere esan beharra daukat niri betidanik gustatu izan zaidala gauzak kontrolpean edukitzea. Sentsazio horrek lasaitasun moduko zerbait eskaintzen baitit. Hau honela delarik berehalaxe ohartuko zarete hartu nuen lasaituaz Suediako hiriburuko aireportuaren berri izan nuenean. Lasaitua eta baita harridura ere... Arlanda baita aireportu horrek daukan izena. Pentsa ezazue, aita eta biok Foronda deitzen den aireportutik abiatu ginen eta Arlanda deiturikora iritsi. Arlanda izena ikusi orduko egin zitzaidan izen ezin euskaldunagoa zela eta honek gurean egoteak bezalako sentsazioa sortarazi zidan. Bazirudien nire hari ikustezinak ongi lotuak eta teinkatuak zeudela, nire lasaitasunerako.

Gerora jakin nuen suedieraz badaudela hitz asko euskararekin antza haundi samarra dutenak. Baina artean nahikoa nuen Arlanda soil harekin.

Izugarri ederra eta haundia iruditu zitzaidan, lehen begiratu batean, Arlanda deituriko aireportu hura den-dena marmolez apaindua zirudielarik. Dirua aldatzea izan zen lehen eginbeharrekoa. Aitak koroa suediar batzuk eman zizkidan poltsikoan gorde nitzan eta baita Stockholm-en genuen hotelaren izena eta helbidea ere, baldin eta inoiz galduta aurkitzen banintzen.

Hartu genuen hirira zihoan autobus bat, maletak eta trasteak sartu ondoren, eta abiatu ginen. Gogoan dut Arlanda aireportutik Stockholm-eko erdialderaino 50 koroa balio zuela bakoitzaren txartelak eta ordubeteko ibilaldia egin zuela autobusak. (Gogoan dut, baita ere, Suediako koroa batek orduan 17 pezeta balio zituela, libera bat, gutxi gora-behera). Tartean autopista amaigabea eta bi aldeetara zuhaitzak etengabe, gehienbat urkiak. Noizbehinka errekaren bat ikus nezakeen edota laku txiki batzuk, baso erraldoiak tartekatuz. Harritu ninduen gauza zera izan zen: eguerdiko hamabiak inguru izango zirela eta kotxe, autobus eta kamioi guztiak zihoazela argiak pizturik. Antza denez beti, gau eta egun, daramatzate ibilgailu guztiek beren argi eta fokuak piztuta. Egia esan ez da oso harritzekoa, hemen gauak eta ilunak askozaz gehiago agintzen baitu egunak eta argitasunak baino, indar gehiago dauka eta luzaroan agintzen du.

Autobusa bete-betea zihoan puntaraino. Halaz ere isiltasuna zen nagusi bertan, eta halako txukuntasun bat antzeman zitekeen. Dena zegoen garbi eta, esan bezala, txukun. Ni izango nintzen seguru bertan zihoan gazteena eta jakina, ezin nezakeen inorekin hitz egin aitarekin ez bazen. Baina beste guztiek isil-isilik jarraitzen zuten: bazirudien nahikoa txundituta zeudela Suediara iristearekin edo txit harrituta leihotik kanpo ikus zitekeen paisaia miresgarriaz. Ez dakit. Ni erne nengoen gauza guztiak aztertzen: autobus barruko propagandaren iragarkiak, kanpoan ikus zitekeena, txofer eta beste bidaiarien aurpegiak eta jantziak...

Berehalaxe pasatu zitzaidan ordubete hura, ohartzeke. Aireportutik datorren lineako autobusa tren geltoki aurrean geratu ohi da beti. Tren geltokia Stockholm erdi-erdian dago kokaturik, beraz hantxe jaisten bazara ez duzu beste ezer hartu beharrik hiria ezagutzen hasteko; nahikoa duzu paseatzen hastearekin edozein kale edo etorbide zabal aukeratu eta gero.

Taxia hartu genuen eta aitak gure hotela zegoen kalea ahoskatu zion ahal izan zuen moduan. Taxistak papera eskatu zion eta bertan zegoena irakurri ondoren esan zuen:

—Ajá, Brantingsgatan 130, O.K.! —eta harantza abiatu ginen abiadura biziz. Hiztuna suertatu zen, oso, taxista hura. Hiztuna eta berritsua gainera, ez baitzen isiltzen une batez ere. Malmö-koa zen bera, izatez, baina urte askotan munduan zehar bizi izandakoa. Emakume espainol batekin omen zegoen ezkondua, esan zigunez, eta urtean sei hilabetez Espainiako Fuengirolan egoten omen ziren eta beste urte erdia Stockholm-en lanean. Bere izena Piet omen zen baina Espainian denek Pedrrro deitzen omen zioten; eta emaztearen izena Macarrrena, emakume alaia benetan, aitortu zigunez.

Guk, aitak eta biok, isil-isilik jarraitzen genuen baina Piet horrek ez, inondik ere. Suedia aspalditik omen zegoen alferrik galdua, gobernu bigun eta norabiderik gabeko hori zela medio. Emigrazioak zuela malda behera erortze horren errua eta gobernuak ez zuela ezer egiten arazo latz hori konpontzeko. Eta hori konpontzea zera zen kasu honetan, erabat galeraztea. Afrikako eta Hego Ameriketako simaur jende horrek ederki asko engainatzen zuela Suediako gobernua eta behin hona barruratu ezkero, primeran bizi zirela hemen, lanik egin gabe eta alferkeria begibistakoan, hiritar guztien diru zergak xahutzen, ez zegoela eskubiderik, baina kulpa dena beraiena zela gobernu txatxu eta indarrik gabekoa zeukatelako agintzen...

Guk isil-isilik jarraitu genuen hotelera iritsi arte. Aitak ordaindu eta agur esan zion. Sartu genituen maletak barrura. Brantingsgatan-en zegoen Hotel Cortina hau nahiko moderno eta erosoa zen. Auzo lasai batean zegoen kokaturik eta muinotxo baten gainean, ezkerraldera, gure logelatik, parke zabal eta haundi bat ikus zitekeen. Aitaren lantegiko arduradunek eskatuta Suediako fabrikakoek eman zioten hotel honen helbidea Stockholm-en eta baita hiri honetan mugitzeko behar izango zituen argibide eta esplikazio guztiak ere.

Aita maniatiko samarra izango da batzuetan eta badakit akats asko dauzkala eta aldika, etxean, soportaezina jartzen dela bereziki gaixoaldiren batek jota baldin badago, baina, gauzak behar diren bezala azaltzearren, uste dut dexente ona dela bere ofizioan. Lanean asko dakiela bere gauzez esango nuke. Eta horrexegatik aukeratu zuten lantegian, hain zuzen, Suediara etor zedin. Hau dena hobeto argituko zidan, afalorduan.

Arratsaldeko bost t'erdiak ziren eta hoteleko jangela nagusian ari ginen... afaltzen! Eta ez pentsa inor ez zegoenik. Jangela gainezka zegoen jendez eta ia ez zen mahai librerik geratzen. Gizonezkoak jaka-gorbataz eta emakumezkoak soineko luzez dotore jantzita. Harritzekoa zera egin zitzaidan, beste gauza askoren artean noski, gazte gutxi eta umerik ez ikustea hotel hartan. Hamabi bat urte zeuzkakeen neskato bat ezik ni izango nintzen seguruenik gazteenetakoa bertan afaltzen.

Aitaren lantegia makina-erreminta suediar berri batzuk erosteko asmotan omen zebilen eta Euskal Herrira muntatzera piezatan ekarri aurretik ikasi nahi omen zuen ongi haien funtzionatzeko modua. Aita poliki moldatzen zen ingelesez eta horrexegatik aukeratu omen zuten bera. Nik uste nuen hau zela bere lehen etorrialdia, baina ez, hau bere hirugarren bisita omen zen Suediara. Gertatzen zen ni nahikoa txikia nintzela aitak beste bi bidaiak egin zituenean eta ezin nintekeela horregatik gogoratu. Hau zen nirekin egiten zuen lehen lan-bidaia eta, esan zidanez, ez banintzen ongi portatzen, dudarik gabe azkena ere bai.

Patata egosiak ari ginen afaltzen eta azala zuritu gabe zerbitzatu zizkiguten arrain mota ezezagun baten ondoan. Hura gozatzeko nonbait, mermelada moduko zerbait. Jendeak gustora jaten zuen hura eta edateko, edalontzi bat esne.

Hura jaten saiatzen nintzen bitartean aitarekin jarraitu nuen hizketan.

Lantegi suediarraren bulego nagusiak Strömsund deituriko ziudade batean zeuden, Stockholm-etik 800 kilometrora, gutxi gora-behera, iparralderantz. Hiri hartara joan behar genuen biharamunean trenez. Eta hantxe geratuko nintzen ni aita lanean zebilen bitartean batera eta bestera. Suedian zehar hainbat fabrika bisitatu beharko zituen eta agian Norvegiara ere joan beharko zuen, Oslora eta Bergen-era beste lantegi batzuk bisitatzera. Baina Norvegiarako joan-etorri hori ez zen segurua artean. Aitak nahikoa ibili beharra zeukan, batetik bestera, gelditu barik eta ziudade asko bisitatuz. Normalean hoteletan egingo zuen lo. Nik, ordea, ez. Ni Strömsund-en biziko nintzen, mugitu gabe, eta ez hotelean gainera. Biharamunetik aurrera, aitak aitortu zidanez, nire egoitza Blaidberg-tarren etxea izango zen.

Jan Blaidberg zen gure aitak Strömsund-en zeukan lagun mina. Aspalditik ezagutzen zuten elkar eta ni gogoratzen ez banintzen ere, aitak esan zidanez, gure Euskal Herriko etxean egona zen bitan, aspaldi, ni orain gure anaia Ixidroren adinekoa nintzenean, nonbait.

Jan Blaidberg aitaren adinekoa zen eta honen emaztea, Birgitta, gaztexeagoa, baina ez asko. Ez zuten seme-alabarik.

Blaidberg-tarren etxean emango nituen, bada, bakazio haiek. Oso jende jatorra eta maitakorra omen zen, aitak errepikatzen zidanez, eta gustora egongo omen nintzen. Haiek izango omen ziren nire gurasoak denboraldi baterako. Ongi portatzeko erregutzen ari zitzaidan, ez egiteko inolako astakeriarik, txintxo eta formal ibiltzeko. Eta nik, baietz, baietz eta baietz.

Amaitu zen afari moduko hura eta hotelak zuen egonsaloi eskerga batera pasatu ginen: dena zegoen gorriz alfonbratua, goitik beheraino, baina eserlekuak ezin erosoagoak ziren. Pianojole batek giroa alaitzen zuen eta jendea han hemenka esertzen zen lasai asko.

—Hartzak zerbezatxo bat, motel —agindu zidan aitak.

Umore onez zegoen, hori begi bistakoa zen. Berak cognac kopa bat eskatu zuen eta niretzat garagardoa. Nire bizitzan lehenengo aldiz, aitak zerbeza edateko agindu zidan, nire harridurarako.

Pianojoleak entzulegoak eskaturiko piezak jo eta abesten zituen. Orduan ausartenak kantatzen hasten ziren edota txaloka laguntzen. Giroa berotzen ari zela ikusten bazuen pianojoleak luzatu egiten zituen kantak, korus-zatia behin eta berriro errepikatuz:

"I've been a wild rover
for many's a year
And I've spent all my money
on whisky and beer;
But now I'm returning
with money in great store
And I never will play
the wild rover no more".

Abesten zuen pianojoleak ozenki segidan entzulego guztiak oihukatzen zuelarik eskuz eta oinekin lagunduz:

"And it's no nay never,
No nay never no more
Will I play the wild rover,
No never, no more".

Eta korus-zatia behin eta berriro ere errepikatzean jendeak zapatekin lurzorua zanpatzen eta kolpatzen zuen bere indar guztiaz. Baita nire aitak ere...

—Erotu egin al zara, aita? —galdetu nion nik.

—"The wild rover" duk hau, kanta benetan zoragarria, ezin aguantatu abestu gabe... —eta cognac kopari beste tragoxka bat egin zion, nahiko luzea.

Pianojoleak beste kanta berri bati ekin zion oraingoan eta denak hasi ziren berriz kantuan eta txaloka.

—Hau "La Java" deitzen duk. Hunkigarria benetan. Hi oso gaztea haiz, oraindik ez haiz ezertaz enteratzen... Ai, oraintxe nik hire edadea baneuka!

Eta hau esatearekin batera cognac kopa hustu zuen zurrutada luzea bezain gustukoa eginez.

—Tirari ta tita tirarirari... tirari ta tita tirarirara... txutxutxu ta txutxutxuta tirari ta tita...

—Zu ez zaude burutik natural, aita, etzazu halako erridikulurik egin...

—"La Java", motel, "La Java", hunkigarria, mundu honetan zerbait baldin bada, hi ez haiz enteratzen, ai, "La Java"!

—Tira, aita, goazen ohera, dagoeneko muturra nahikoa berotu duzu eta...

AITAREN ZAINDARI

Heldu zen biharamuna eta baita aitaren ajea ere. Ez gehiegi, egia esan (aitak ez zuelako bezperan asko edan), baina bai pittin bat (aitak ez duelako edateko ohiturarik). Gainera osasunez nahiko makal ibili izan delako edariak, nire ustetan, beste edozeini baino astindualdi latzagoak ematen dizkio. Aitak ez du edan behar eta ez du usualki edaten, baina bart edan egin zuen cognac kopa bat eta bi baino gehiago. Ez zen halere mozkortu. Ez zen beraz aje itzel batez esnatu, moteldu samartua baizik. Gauza da neronek astindu behar izan nizkiola maindireak bestela ez baitzen bertatik ordutan eta ordutan higituko. Egia esan, ni ere gustora nengoen ohean baina aldiberean irrikitzen handik abiatzeko. Trena nahi nuen hartu eta Suedia osoa errekorritu eta ezagutu.

Goizeroko garbiketak eta txukunketak egin ondoren, jangelara jaitsi ginen, gosaltzera. Beti bezala, jangela hura jendez gainezka zegoen eta zaila egin zitzaigun mahai bat libre aurkitzea. Denetik zegoen gosaltzeko. Platerak hartu eta buffet moduko batera hurbildu beharra zegoen eta bertan aukera ugaria. Gosaldu eta baita bazkaldu eta afaldu ere egin zitekeen bistan zeuden jaki guzti haiekin. Gosetuenak sardina zahar haundi batzuk ari ziren jaten, beste batzuk, berriz, babarrun txuri txikiak tomate zuku mindu batekin, bazeuden meloia urdaiazpikoaz gosaltzen zutenak eta baita platerkada haundi bat saltxitxa pinta erdi bat garagardoz!

Behin maletak prestatu eta gero hall nagusira jaitsi ginen. Hoteleko harreragile batek taxi bat eskatu zuen guretzat eta handik hamar bat minutura berriro ginen martxan tren geltokirantz.

Oraingo honetan taxista iraniar bat suertatu zitzaigun eta ez zekien iranieraz eta suedieraz aparte hitz bat ere beste edozein hizkuntzatan. Ingelesez ez zuen gauza haundirik ulertzen, baina ez zen oso beharrezkoa izan "Train Station" esatearekin ulertu baitzigun. Ikusten denez bi hitz horiek ezagun samarrak dira munduko pertsona guztientzat. Ez genuen aukera haundirik izan taxistarekin hizketan jarduteko ibilaldi hartan. Gure aitak edozein gauza galdetuta ere taxista hark burua makurtzen zuen ezer esateke. Halako batean ea italianoa al zen galdetu nion nik eta berak "Iran, Iran" erantzun zidan, besterik gabe.

"Seguru asko —pentsatu nuen nire artean— bertako emakume suediar batekin ezkonduta egongo duk eta Stockholm-en biziko duk errefuxiatu gisa". Baina hau ez nion nik galdetu eta, jakina, berak ez zidan ezer esan.

Tren geltoki aurrean utzi gintuen taxista iraniarrak eta berak atera zizkigun maletegitik trasteak.

(Bi taxista mota daude: maletegitik maletak ateratzen dizkizutenak eta atzekaldeko kapota altxa eta begira geratzen direnak beste ezer egin gabe).

Oso gutxi kobratu zigun, nire ustez, ibilaldiagatik: nahastu bide zen edota nahita kobratu zigun hain gutxi. Agian pentsatuko zuen gu ere errefuxiatu triste eta zorigabeko batzuk besterik ez ginela, batetik bestera genbiltzanak zori hobearen bila apika.

Trenera igo baino lehen sandwich batzuk erosi genituen eta edari latak. Aitak, denbora aspertzeko lain izango genuela-eta, egunkari bat erosi zuen ingelesez eta nik, berriz, James Bond-en abenturak... suedieraz! Banekien ez nuela tutik ere ulertuko, hitz bakarren bat ez bazen, baina santuak ikusiz segi nezakeen istorioaren haria eta gainera hala, pixkanaka hasiko nintzen jabetzen hizkuntza bitxi hark zeukakeen zailtasun guztiaz. "Diamantfeber" zen istorio haren izenburua, eta hori behintzat uler nezakeen eta baita abenturaren amaiera, non James oheratzen zen Tiffany deituriko neskato eder, liluragarri batekin beste sukar mota batek goxoki jota.

Jakina, trena puntual abiatu zen espero zitekeen modura. Suedian gauzek beti funtzionatzen dute espero zitekeen bezala: ongi, beren neurrian eta batere akatsik gabe. Ederra zen trena, oso modernoa, isila eta azkarra. Hemen gauza bitxia ikusi eta ikasi genuen aitak eta biok, eta ordutik aurrera ohartu naiz beti betetzen den gauza dela herri aurreratuetako ibilgailuetan, trenetan zein abioietan.

Aita tren txartelak erostera joan zenean leihatilako langileak galdetu zion ea zein bagoitan nahi zuen joan, *erretzaile* ala *ez erretzaile*entzako bagoian. Aitak erantzun zion *ez erretzaile*en bagoian joatea nahiago genuela. Handik gutxira, enplegatuak ordenagailuan bagoi guztiak arakatu ondoren esan zion ez zegoela leku librerik, beraz erretzaileen bagoi batean joan beharko genuela. Eta hala joan behar izan genuen. Baina zera gertatu zen, onerako izan zela halako bagoi batean bidaiatzea: besteak leporaino baitzeuden jendez gainezka, eta han zihoazen bata bestearen gainean, estu-estu eta ia mugitu ezinik pasiluan maletaz eta trastez beteta. Gu, aldiz, ezin lasaiago gindoazen. Gure bagoian zazpi pertsona baino ez geunden eta noizbehinka leihoa pittin bat jaitsi eta gero berehalaxe geratzen zen berriz bagoia kerik gabe, garbi asko.

Geroztik askotan ohartu izan naiz horretaz: iparraldeko herrietan lasai eta patxadan bidaiatzeko hobe dela *erretzaile*en bagoia aukeratzea (edo abioiean bazoaz, *erretzaile*en ilara saila) eta alderantziz, hegoaldeko herri batean bazoaz (Espainian, Italian, Portugalen esate baterako) hobe dela *ez erretzaile*en bagoian hartzea leku.

Beste gauza batek ere harritu ninduen hasieratik. Den-dena zegoen garbi bertan, komunak, eserlekuak, zakarrontziak (behin eta berriz hustu eta garbituak)... Bagoi bakoitzean komun pare bat zegoen eta ondoan beste gela berezi bat haurrekin zihoazen amak han bertan garbitu eta aldatzeko ume txiki edo jaioberriak, beren dodotiekin, toailatxoekin... Bagoi sarreran, apal batzuetan jarrita eta erabat dohainik ur minerala kaxatxotan nahi zuenak nahi beste har zezan. Hau hobeto ulertzeko esan beharra dago ur minerala oso-oso garestia dela Suedian... eta ez da batere harritzekoa. Kanpotik ekartzen baitute ur mineral hori, Italia,

Frantzia, Greziatik... zeren iturriko ur naturala oso ona baita bertan eta kaxetako ur minerala edatea kapritxo moduan ikusten da. Pentsa ezazu orduan nola doazen gauzak Suedian: oso-oso garestia den gauza bat debalde eman ohi dute tren horietan!

JAN BLAIDBERG eta BIRGITTA BLAIDBERG

Strömsund deitzen den hiria izugarri gustatu zitzaidan lehen unetik. Aurrena, trenez gentozela, leihatilatik begiratzen egon nintzen, adi-adi, auzo bat eta beste erdialderaino, tren geltokira iritsi ginen arte. Ez da oso hiri handia, oinez edo bizikletaz errekorritzeko ezin aproposagoa. Eta, esan bezala, oso polita iruditu zitzaidan: lautada baten erdian kokatua eta lakuz eta bizpahiru ibaiez inguratua. Gero, taxi bat tren geltokian hartu ondoren, berriro izan nuen aukera, oraingo honetan beste alderantz, hiria ikusteko. Ez zuen ematen trafiko handiegirik zebilenik eta bazirudien kotxe guztiak beste edonon baino mantsoago zebiltzala gidariek inolako presarik ez balute bezala.

Taxista hark ez zigun hitzik luzatu, hala ere gizonezko jatorra ematen zuen. Iruditu zitzaidan, agian haientzat edukazio oneko gauza zela ezezagun batzuen aurrean hitz egiten ez hastea hauek ezer galdetu arte. Blaidbergtarren etxea hiritik zertxobait aparte zegoen nonbait eta orain taxia bizitegi-auzo dotore batean sartua zen. Luxozko egoitzak ziren haiek eta den-denak zuhaitz eskerga eta altuez hornitu eta inguraturik aurkitu nituen. "Jende dirudunaren auzoa dudarik gabe", pentsatu nuen ene artean.

—Aita, nolako galtzerdiak jantzi dituzu? —galdetu nion bat-batean taxi-leihatilatik begiratzen jarraitzen nuen bitartean.

—Lasai, lasai, hi ez hadi kezkatu horregatik —erantzun zidan aitak irribarre batez.

Gu bion arteko broma bat zen. Bezperan, hotelean geundela, gauza bera galdetu bainion eta berak ere erantzun horrexekin lasaitu ninduen. Izan ere, jende askok hanka sartzen omen du ez dakielako eta ohartzen denean zer egin duen ezin lotsatuago geratzen omen da denboratxo batez. Jakina, Suediako ohiturak eta gureak ez baitira oso antzekoak. Behin aitari ikustea suertatu omen zitzaion. Beste batean, orain dela zenbait urte, Suedian, Stockholm-en, zegoela afari batera gonbidatu omen zuten ezagun batzuek. Pic-nic moduko afaria zen eta gonbidatu asko bildu omen ziren bertara, gehienbat gazte jendea.

—Arratsaldeon, erantzi eta utzi hortxe oinetakoak mesedez eta sartu barrura.

Horixe omen zen etxe hartako nagusiek, sarrera gisa, esaten ziotena gonbidatu bakoitzari bertaratzen zenean eta gauza bera egin omen zuten gure aitarekin, hau etxe hartara iritsi zenean. Baina afaltzera joan zirenetatik bi gaztek, nonbait jakin ez Suediako ohitura bitxi hori, eta etxeko andreak oinetakoak eranzteko gonbidapena luzatu zienean hauek berehalaxe jarri omen ziren gorri-gorri, tomateak baino gehiago, baina ezin atzera egin. Hantxe azaldu omen ziren bi gazte haien galtzerdi banatan bi arrautza, bi zulo eder beren lotsarako. Esan zidan aitak nongoak ziren gazte haiek baina nik, oraindik ere, edukazio pittin bat badudalako ez dut hemen esango haien jaioterria.

Aitak eta biok galtzerdi berri eder batzuk geneuzkan jantzita eta batak besteari irribarre burlosoa luzatu genion. Gainera, nahiz eta Suediako etxe askotan sarreran babutxa edo zapatila berezi batzuk izaten diren janzteko, sartu eta zapatak eranzten direnerako, gu etorriak ginen bakoitzak bere apreta parea maletan sartuta badaezpada ere.

Tren geltokian, taxia hartu baino lehen, abisatu zien aitak Blaidbergtarrei iritsi berriak ginela eta berehalaxe abiatuko ginela haien etxera. Eta halaxe izan zen, taxia etxe aurrean gelditu baino lehenago ikusi nuen bikotea atarian gure zain eta eskuaz agur keinu bana guri egiten irribartsu. Kanpotik begiratuta eta itxuraz behintzat jatorra zirudien bikote hark. Lehen muxuak eman, agurrak eta besarkadak behin eta berriro egin eta barruratu ginen laurok. Nik ezin izan nion ia irribarreari eutsi, etxekoandreak gure zapatak uzteko lekua seinalatu zigunean. Blaidbergtarrak babutxaz jantzita azaldu zitzaizkigun eta guk aurrera egin genuen, maleta barruan apretak bilatzen ez hasteagatik, geure galtzerdi berriekin harro-harro saloirantz.

Jan Blaidberg jauna gizon altua zen, sendoa oso eta ile horiska zeukan eta masailak gorri-gorriak. Beti edo ia beti barrez zegoen edo irribarrea erakusteko prest. Gure aita baino zortzi-hamar bat urte zaharragoa zela ematen zuen. Birgitta Blaidberg andrea ere antzekoa zen, ilehoria, altua eta sendoa. Ikusten zen senarra baino gazteagoa zela eta esango nuke, zerbait esateagatik, gure aitaren adinekoa izan zitekeela. Jakin nuenez Jan Blaidbergek aitaren lana bera zuen edo antzekoa, hots, asko bidaiatu beharra zuen bereziki Europa eta Asiatik gure aitak Espainia eta Europatik

bidaiatzen zuen bezala. Antzeko konpainiatan zeuden lanean, bata Euskal Herrian eta bestea Suedian, baina gainetik entrepresa bera zutela nagusi edo horrelako zerbait. Egia da ez nintzela gehiegi jabetu aitak argitu zizkidanean bere lanaren gorabeherak. Dena dela, ikusten zen garbi aski Blaidberg jaunak, agian bere lantegian kargu altuagoa zeukalako, gure aitak baino diru gehiago zeukala baina ez nion ezer aitatu gero gauean, logelara erretiratu ginenean, zer iruditu zitzaidan dena galdetu zidanean. Pentsatu nuen, baita ere, izan zitekeela Suediak duen maila ekonomikoagatik besterik gabe. Nahiz eta Blaidberg jaunak eta gure aitak lanpostu eta kargu bera eduki bakoitzak bere lanean ez zela ahaztu behar Suedia munduko herririk aberats eta aurreratuenetako bat zela eta gure

Euskal Herria berriz, ba..., ba... horixe, denok dakigula non gauden eta zertan ari garen. Beraz, horri buruz aitari ezer galdetu beharrean beste hau jakin nahi izan nuen:

—Zergatik hainbeste Tak, eta Tak eta Tak... denbora guztian?

—A, hori! —eta barrezka hasi zitzaidan aita—. Ez hadi horregatik kezkatu, motel. Ez dituk kontrazeinu sekretu bat erabiltzen ari hire aurrean hi ezertaz enteratu ez hadin. Askozaz sinpleagoa duk eta baita errazagoa ere. Tak hori duk gure Eskerrik Asko, baina suedieraz. Begira, ikasi berri duk lehen hitza suedieraz eta neuk irakatsi diat gainera, pentsa.

—Tak, aita —esan nion burlati ohera sartuz.

—Tak, seme —erantzun zidan berak, burloso itxuran baita ere.

—Tak, Tak —nik berriro baina oraingoan berak erantzun baino lehen argia itzaldu nuen, bestela hark morse-lehiaketa baten itxura hartuko baitzuen berehalaxe.

POSTARIAREN SORPRESA

Suedian hogei urtez bizitzen geratuko banintz ere badaude hainbat eta hainbat gauza ulertuko ez nituzkeenak. Gauza arraro eta bitxiak. Posta, esate baterako. Harrigarria da benetan zein ongi —eta baita zein arraro ere— funtzionatzen duen Suedian postak. Eta postariek.

Goiz hartan —eta benetan zen goiz, oso goiz ene gusturako— etxeko sukaldean gosaldu genuen laurok eta segidan aita eta biok logelara erretiratu ginen. Aitari maleta egiten laguntzen ari nintzaion —ni oporretan nengoen baina bera ez, bera Suediara lan egitera etorri baitzen eta goiz hartan bertan alde egin behar zuen hiri batera eta bestera bere negozioak burutzera— behetik (gure logela lehen pisuan baitzegoen kokatua) Birgitte andereaaren abots sarkorra entzun zenean etxe osoan zehar:

"Risky! Risky!" Ni pittin bat larritu nintzen eta aitari begiratu nion urduri samar, baina nonbait gure aita ere urduri zegokeen, bere negozio-bidaia zela eta, ez baitzidan aurpegira begiratu eta alkandorak eta galtzak maletara sartzen jarraitu zuen berdin-berdin.

Pasilura agertu nintzenean etxekoandreak behetik abisu bat eman zidan:

—Risky, postaria etorri da eta hemen pakete bat utzi du zuretzat.

Ezin harrituago hasi nintzen korrika eskaileretatik beherantz zer eta nola izan zitekeen hura pentsatuz. Pentsatuz eta ezin asmatuz. Pakete bat niretzat? Nola zitekeen posible? Nik ez nuen inor ezagutzen Suedian eta hori alde batera utzita ere inork ezin zuen jakin ni Blaidbergtarren etxean nengoela. Nola zitekeen hori?

Birgitta andereak paketea utzi zuen ene eskuetan eta ezer gehiago esan gabe —berarentzat ere nonbait oso gauza normala eta arrunta zen nik etxe hartan, bezperan iritsi ondoren, pakete bat jasotzea— sukalderantz erretiratu zen berriro. Berehalaxe begiratu nuen nondik zetorren pakete hura eta nork bidaltzen zidan baina alferrik izan zen saio hori. Atera nuen ondorio bakarra zera izan zen, Suediatik bertatik bidali zidatela baina han ez nuen erremiterik aurkitu. Aurrealdeko zigiluei begiratu behin eta berriro, baina ezin izan nuen ezer antzeman, hori bai, hantxe azaltzen ziren letrak eta hizkiak suedieraz zeuden jarrita. Horrek, beraz, esan nahi zuen Suediatik bertatik bidaltzen zidatela pakete hura baina ezin jakin nork edo nortzuk, esan bezala atzealdean ez baitzetorren ezer idatzirik. Zabaldu nuen paketea eta zer izango eta panpina bat! Oso arraroa, hori bai, baina panpina bat. Hobeto begiratu nuenean, ordea, ohartu nintzen ez zela panpina bat besterik gabe. Troll deituriko panpina zen eta tripa aldean erlojutxo bat zeukan jarrita. Iratzargailu bat zen troll-panpina hura. Egia esan, opari hark ezin harrituago utzi ninduen benetan.

Sukaldera joan nintzen berehala eta Birgitta andereari erakutsi nion jaso berri nuen erregalua. Panpina hauek oso normalak zirela Suedian eta gazte jendeak normalki erabiltzen zituela iratzargailu gisa argitu zidan etxekoandreak. Izan ere, azpimarratu zidan, horretarako daude eginak jendea esnarazteko. Galdetu nion orduan zer esan nahi zuen erlojuaren esfera inguruan suedieraz idatzita zegoen esaldi hark eta erantzun zidan "Egun On!" jartzen zuela bertan.

Besterik gabe korrika igo nintzen gure logelara aitari erakustearren hartu berri nuen oparia.

Baina, esan bezala, gure aita oso lanpetuta eta urduri zebilen azken prestakuntzak amaitzen abiatu aurretik eta seguraski horregatik ez zen gehiegi harritu gertatu berri zenaz. Begiratu azkar bat egin zion ene opariari eta ezer esan gabe bere lanari ekin zion berriro.

—Ez duk oso panpina polita! —izan zen erantzun zidan guztia.

Behera jaitsi ginen biok eta azken despedidak egin ondoren, —Jan Blaidberg ordurako alde egina zen lanera— aita joan egin zen taxia etorri zitzaionean. Ongi eta txintxo ibiltzeko esan zidan eta nik ere gauza bera esan nion berari. Alde egin zuen azkenean handik eta ni eta Birgitta geratu ginen bakarrrik etxe handi hartan.

INGRID EZAGUTU NUEN EGUNA

Blaidberg andereak ez zuen oso azkar gidatzen. Egia esan, Suedian den-denek eraman ohi dituzte beren kotxeak nahiko mantso. Uste dudanez, trafiko isunak oso errespetagarri eta beldurgarriak dira. Agian ohitura hori —hots, poliki gidatzekoa— Suediako eguraldiari zor zaio, izan ere bertan ia beti egiten baitu euri edo laino edo elur edo izotz, eta horrek, nahitanahiez, behartzen zaitu poliki eta arreta haundiz gidatzera. Kotxea ederra zen benetan, Volvo ikusgarri bat, gorria eta ohartu nintzenez Birgittarena zen, Janek beste bat baitzeukan oraindik ere ikusgarriagoa.

—Seguru nago, Risky —hasi zitzaidan Birgitta hizketan etxetik atera orduko—, ez zarela inoiz izan arte-enkante batean.

—Ba, ez —nik—. Arte erakusketetan izan naiz baina ez enkante batean.

—A, ez, ez! —imintzio bat egin zuen eskuaz—. Oso bestelako gauza da. Ez du zerikusirik. Arte-erakusketa ikusteko da eta arte-enkantea erosteko, beraz ez dute antzik ere bi gauzek.

Egun guztia eman genuen biok bakarrik etxe handi hartan. Eguerdian, garajean zeuden bi bizikletetatik bat utzi zidan Birgittak eta buelta handia eman nuen, batera eta bestera, auzoa ezagutzearren. Harritzekoa da benetan zer nolako errespetoa dioten hemen kotxe-gidariek bizikletazaleei, nola uzten dioten aurrera pasatzen besterik gabe eta nola ez diren bozina joka hasten ziklista beldurtzearren beste leku askotan gertatu ohi den bezala. Gero, biok bazkaldu genuen sukaldean: entsalada nahiko berezia eta arraroa, inoiz ikusi gabe nituen barazki batzuez osatua eta saltxitxa parea bakoitzarentzat. Lagungarri gisa, ogia gurinarekin eta edateko, esnea. Tira, zer esango dizuet bada, egin izan ditudala bazkari hobeagoak, dudarik gabe...

Bazkalostean hizketan egon ginen biok eta gero zerbait irakurtzera joan nintzen ene logelara, hirira abiatzeko ordua iritsi arte.

—Baina artea erosteko diru asko eduki behar da eta gainera dexente jakin beharko da arteari buruz —galdetu nion.

—Beno, ez da hainbesterako. Egia da bai, diru apur bat eduki behar dela zerbait nahi baduzu erosi eta baita ere, zertxobait jakin behar dela ez baldin badizute ziria sartuko, baina ez da hainbesterako —erantzun zidan Birgittak irribartsu, ni lasaitu nahian nonbait.

Iritsiak ginen ordurako hirigunera. Antzoki handi baten azpian zegoen aparkalekurantz zuzendu zuen kotxea. Bertan utzi ondoren igogailu batean sartu ginen. Bizpahiru solairu igo ondoren eta atera orduko ohartu nintzen nik uste nuen antzokia ez zela antzokia soilik, baizik eta denetik zegoela bertan: antzoki, zinema, restaurant, casino eta beste zenbait areto ezberdin. Horien artean arte-enkantea ospatzen zen areto dotore, erraldoia: dena oihal, alfonbra eta eserleku gorriz hornitua. Ordu laurdena falta zen hasteko eta bitartean sarreran zegoen zabalgune batean geratu ginen beste jende askorekin batera zain. Berehalaxe ohartu nintzenez, denak zeuden oso dotore eta apain jantzita, baita Birgitta ere, ni ezik. Ni nahiko zarpail bainentorren leku dotore hartara, ez zikin, baina "very casual" ingelesek esan ohi duten modura, hau da, sport modura jantzita. Baina egia esan, horrek ez ninduen gehiegi kezkatzen. Gainera, gehiegi kezkatuta ere ezin nezakeen besterik egin, gure etxetik ez bainuen beste arroparik ekarri, ez bainuen horrelako giro dotore batean mugitzeko ezer aproposik ekarri. Beraz, horretan jarraitu behar eta hala etsi behar.

Une batean, eta Birgitta adineko bi bikoterekin agurtu eta hizketan hasi zela aprobetxatuz, komunera joan nintzen. Kosta egin zitzaidan hasieran zegokidan komuna aurkitzen, hainbeste hizki eta esaldi arrarorekin, baina azkenean lortu nuen. Harritzekoa da benetan jendea zenbat berandutzen den pixa egiten (zer esanik ez kaka egiteko ordua iritsi bazaie eta barkatu aipamen ezegoki honengatik): ni komuneratu nintzenean bost gizonezko zeuden zutik, bata bestearen segidan, pixa egiten. Ni ailegatu nintzen, egin nuen egin beharrekoa, eta amaitu ondoren atera nintzenean lehena izan nintzen, ez badidazue sinesten ere, harrigarria! Bazirudien txiza-lasterketa batean ari zirela hango denak buru-belarri.

Baina benetako sorpresa kanpoan zegoen, ez pixontzian, Birgittaren ondoan. Hau beste emakume batekin ari zen oraingoan hizketan eta aldamenean neska eder, polit, zoragarria ikusi nuen. Inguratzen ari nintzela bihotza hasi zitzaidan taupadaka, zaldi ero baten moduan, eta gerturatu ahala ezin nion begirik kendu. Nire altuera zuen neska hark, ileadats hori luzea, begi ezin urdinagoak eta gorputza zoratzeko modukoa goitik beheraino. Hamabost-hamasei bat urte izango zituen, ene ustez, eta areto haundi hartan beste ezer gehiago ez zegoela egin zitzaidan bat-batean.

—Hau Risky da, Euskal Herritik iritsi dena gure etxera oporrak pasatzera —hasi zen Birgitta aurkezpenak egiten. Nik bitartean arnasari eutsi nion eta neure buruari esaten nion ez urduritzeko gehiago, ez gorritzeko gehiago, ze ordurako tomatea baino gorriago jarria zitzaidala aurpegia pentsatu bainuen.

—Hau Törberg anderea da —eta nik eskua luzatu nion berak egin zuen moduan— eta hau Ingrid, alaba —amaitu zuen Birgittak.

—Kaixo, zer moduz —esan zidan Ingridek munduko abotsik zerukoi eta dultzeenarekin, eta hori guztia eztizko irribarre batekin lagundurik.

—Kaixo —erantzun nion nahiko baldarki eta zer esanik gabe geratu nintzen une hartan. Egia esan, ez zitzaidan ezer gehiago bururatzen esateko eta inozo baten moduan geratu nintzen hantxe erdi-erdian telefonikako zutoin baldarra bezalaxe.

Hortxe geratu zen dena. Bi emakumeek hizketan jarraitu zuten zertxobait gehiago eta nik ez nekien zer egin. Ezin nituen begiak Ingridengandik erretiratu eta honek niri begiratzen zidan bakoitzean nik, instant batean eta tximista baino bizkorrago, alderatzen nuen aurpegia eta begiak sapaiari begira jartzen nituen une horretantxe zerbait berezia aurkitu izan banu bezalaxe handik zintzilika.

Agur, agur eta agur esan elkarri eta sartu ginen azkenean areto nagusi hartara, izan ere, arte-enkantea hastera baitzihoan ni erabat ahaztuta banengoen ere. Egia esateko, ez nintzen ezertaz enteratu arte-enkante hartan. Denbora guztian burua endredaturik izan bainuen Ingrid eta honen oroimenarekin. Törberg anderea eta Ingrid alaba aurreraxeago eseriak ziren, gure aurretik dozenerdi bat ilara edo, eta horrek eman zidan aukera paregabea denbora guztian —eta esango nuke arte-

-enkante hark pare bat orduz iraun zuela gutxienez— Ingriden ileadatsa atzetik eta arreta haundiz aztertzen egoteko. Behin bakarrik begiratu zuen atzerantz Ingridek eta orduan berriro, ohartu gabe kasik, etorri zitzaidan sapairantz begiratzen hasteko bat-bateko gogoa ostera ere han goitik zintzilika zerbait bitxi eta harrigarria aurkitu izan banu bezalaxe.

Horregatik ez nion kasu gehigirik egin enkanteari. Uste dut Birgittak ez zuela ezer erosi, ez koadrorik ezta eskulturarik ere, esku hutsik etorri baitzen etxera. Baina orain, pentsatzen jarrita, normala zen esku hutsik etortzea inori ez baitiote momentuan eta hantxe bertan erositako koadroa edo eskultura ematen. Esan bezala, ez dakit. Agian erosiko zuen zerbait edota agian ez. Gauza da nire burua Ingriden irudi paregabearekin zegoen guztiz endredatuta.

Gau beltza zen eta autoan gentozen etxerantz Birgitta eta biok. Nonbait ohartu zen bera ere zerbaitetaz, bat-batean eta besterik gabe galdetu baitzidan:

—Zer iruditu zaizu Ingrid?

Eskerrak gau beltza zegoen, bestela Birgitta ere konturatuko baitzen une hartan berriro jarri nintzela gorri-gorri eta aski lotsatuta erantzun nion:

—Oso neska jatorra ematen du.

—Bai, halaxe da —Birgittak erantzun zidan. Eta besterik gabe jarraitu zuen—: Laster ikusiko duzu berriro, hori seguru.

—A, bai? Zer ba? —atera zitzaidan bihotzetik ahotik baino. Ahotsa ere nahiko itota neukan ordurako, eta mihia lehor, ezpartzuzko.

—Ez da zaila, Risky —erantzun zidan lasaitasun osoz, agian pentsatuz horrela neu ere lasaituko nintzela— gure auzoan bizi baitira Törbeg anderea eta Ingrid.

—A, bai? —berriro lehen baino harrituago. Ez zen posible halako suertea edukitzea. Nik uste oraingoan Birgitta ohartu zela garbi aski nire lasaitasun ezaz eta urduritasunaz.

—Bai. Gogoratzen al duzu nola gaur eguerdian galdetu didazun Katujöck hura zer zen? Ba, horren ondoan izkina egiten dagoen etxe gorriska horretan bizi dira.

Horixe gogoratzen nintzela. Izan ere, eguerdian bizikletan buelta bat ematerakoan harrituta ikusi bainuen, pasaeran, denda moduko bat izen arraro hori gainean zeukana. Eta izenarekin batera janaria irudikatu nahi zuen argi-karteltxoa marraztuta. Eta etxera itzultzean Birgittari galdetu nion —nahiz eta ezinezkoa zitekeela pentsatu hasieratik— ea Katujöck horrek "Katuentzat janaria" esan nahi ote zuen. Eta orduan berak ezetz, horrek "janleku" edo "errestaurante" besterik ez zuela esan nahi argitu zidan.

Orain beraz, banekien non bizi zen Ingrid. Eta oso gertu gure etxetik gainera. Edozein momentutan bizikletaz ingura nintekeela pentsatu nuen eta bisitatxo bat egin eta berarekin egon eta luze hitz egin eta... eta... gehiegi ari nintzen ene burua berotzen etsi behar izan nuen azkenik.

—Duela hiruzpalau urte banandu egin ziren Ingriden gurasoak —ari zitzaidan orain Birgitta esplikatzen— eta hona bizitzera etorri ziren ama eta alaba. Ni askotan egoten naiz Uttarekin, horrela deitzen baita bera, Utta.

—Zenbat urte dauzka? —atera zitzaidan bat-batean.

—Uttak? —begiratu zidan nahiko harrituta Birgittak.

—Ez, ez, Ingridek —oso neska altua eta sendoa iruditu baitzitzaidan lehenengoz eta beldur nintzen ez ote zituen nik baino nahikotxo urte gehiago edukiko.

—Ba... —isildu egin zen une batez Birgitta niri begiratzen zidan bitartean eta zertxobait pentsatu ondoren zera erantzun zidan:

—Zure adinekoa da Ingrid.

Erantzun sinple hori nahikoa izan zen ni zoriontsuago, gehiago oraindik, uzteko.

Sandwich bat afaldu nuen edalontzi bat esneaz eta ene logelara erretiratu nintzen. Gau hartan kosta egin zitzaidan loak hartzea. Ezin bainuen inolaz ere Ingriden irudi xarmant hura burutik aldendu. Baina ez zitzaidan batere inportik. Areago esango nuke, loak hartuta gero ere Ingridekin ibili nintzen bueltaka amets ezin dultzeagoak burutzen. Hura bai zela benetan harritzekoa, Suediara iritsi eta zeharo maiteminduta nengoen lehen egunetik. Ene adiskideek ez zidaten sinestuko. Norekin gainera eta Ingridekin. Ez zen harritzekoa beraz lo hartu ezinik egotea gau hartan, horixe ezetz.

HOCKEY PARTIDU BAT IKUSTEN

Suediako ohiturak oso harrigarriak dira benetan. Egia esateko nik ez ditut ezagutzen ongi. Beno, ez ongi eta ez gaizki. Ez ditut ezagutzen eta kitto. Beti gertatzen baita zerbait bitxi eta harrigarria ezustean harrapatzen zaituena eta zer egin jakin gabe. Beraiek ere gauza bera pentsatuko dutela gutaz, euskaldunez, uste dut, beraz, berdin eta paretsu gaude.

Egun hartan niri horrelako zerbait gertatu zitzaidan, zerbait bitxi eta arraroa non suediarren ohiturek jokoz kanpo utzi baininduten erabat. Baina, honetaz geroxeago adieraziko dizuet zerbait.

Gauza da goiz hartan sukaldean bildu nintzela berriro Birgittarekin eta biok ari ginela gosaltzen gustora eta lasai.

—Zer moduz egin duzu bart lo, Risky? —galdetu zidan Birgittak esne gehiago zerbitzatzen zidan bitartean.

—Nik? Oso ondo, eskerrik asko —erantzun behar izan nion. Nahiko petral pasatu nuen gaua, ezin sosegurik bilatuz eta jira-bueltak batera eta bestera emanez, baina pentsatu nuen bat-batean ezin niola hori esan etxekoandreari, segidan berak horren zergatia galdetuko zidalako eta nik gezurra erantzun beharko niolako. Izan ere, ezin nion besterik gabe aitortu zeharo maiteminduta nengoela Ingridekin... Nahiago nukeen mutu geratu betiko hori berari (beno, berari edota beste edonori) aitortu baino lehen. Horrexegatik erantzun nion oso ondo egin nuela lo, nahiz eta susmatzen dudan aurpegian sumatuko zitzaidala horren aurkako seinaleren bat edo beste.

—A, a! Hara, postaria iritsi da! —moztu zidan Birgittak. Eta egia zen. Izan ere, "Priiiuu! Priiiuu!" edo antzeko sirenotsa, arraro samarra, entzun baikenuen. Postariak hots bitxi hori atera eta egunkariak, aldizkariak, paketeak eta gutunak buzoian (gurea jardin ertzean zegoen, espaloiaren ondoan, eta atea zabaltzen zitzaion etxetxo baten itxura zeukan) utzi ondoren, hurrengo etxerantz abiatzen zen berriro ere "Priiiuu! Priiiuu!" eginez, baldin eta etxe horretakoak zerbait bazuten.

—Zoaz, mesedez, Risky postaren bila —eskatu zidan Birgittak eta horixe egin nuen nik. Salto batean sukaldeko atetxotik atera eta abiatu nintzen korrika buzoiraino. Hau ere, harritzekoa zen baina esan dezaket Blaidbergtarrek korreo piloa jasotzen zutela egunero. Gonparazio baterako, esango nuke gure aitak halako hiru jasotzen zutela astero eta nire ustea zen, Suediara iritsi aurretik, gure etxean korreo dexente jasotzen zela egunero, beraz, asma dezakezue zer esan nahi dudan honekin.

Egun hartan ere, denetik zegoen Blaidbergtarrentzako: egunkari pare bat, bi edo hiru aldizkari, dozenerdi bat gutun gutxienez eta hiru paketetxo azal akoltxatu horietakoan bildurik. Ahal izan nuen moduan jaso dena eta oraingoan poliki-poliki, ezer ez ahaztu edota lurrera botatzearren, joan nintzen berriro sukaldera.

—Hona hemen gaurko uzta —esan nion Birgittari brometan gauza pilo hura mahai gainean utziz. Ni berriro eserlekuan jarri eta gosaria amaitzen saiatu nintzen. Bitartean Birgitta postariak ekarritakoa ari zen aztertzen.

—Tira, hau zuretzat da! —esan zuen besterik gabe eta batere harridurarik erakusteke. Normal iruditzen zitzaion berari, nonbait, nik paketetxo bat jasotzea eta normal iruditu bide zitzaion, nonbait, bezperan ere nik beste bat jaso izana. Ikusten zenez, ni nintzen etxe hartan gauza guztiekin harritzen zena.

—Niretzat? Pakete bat? —errepikatu nuen zozolo moduan, guztiz harrituta.

Birgittak ezer erantzun gabe paketetxoa luzatu zidan berehala egiazta nezan ez zidala gezurrik esaten. Eta egia zen, hantxe baitzetorren nire izen-abizenak eta heldibea eta guzti poliki idatzita.

Kuriositateari ezin eutsirik bat-batean zabaldu nuen paketetxoa bere azaletik atereaz. Oso opari polita zen, Suediako hainbat leku eta paraje ezberdinetako postale sortatxoa, denak diferente eta denak politak bezain ikusgarriak: laku jelatu bat, ume batzuk trineoan elurretan jolasten, Stockholm hiriburua zuri-zuri elurreztatua etabar... Gauza harrigarriena zera zen ordea, ez zuela jartzen nork edo nortzuk bidaltzen zidaten oparitxo hura, ez zegoela bertan igorleren trazarik eta horrek berriro ere zeharo harrituta utzi ninduen.

—Agudo egin dituzu Suedian lagun berriak —zirikatu ninduen Birgittak olgetan, baina hori bai, iparraldeko edukazio onak eskatzen duen legez, beti ere galdetu gabe nork edota nortzuk ziren nire lagun berri horiek. Berak ez zidan galdetu eta nik ez nion erantzun. Jakina, nahita ere ezin niezaiokeen ezer esan, ez bainekien deus ere!

Gosaldu ondoren, ene paketetxoarekin batera, logelara erretiratu nintzen ohea egitera eta gela txukun-txukun uztera. Izan ere, hori baitzen amak Suediara ni abiatu baino lehen behin eta berriro agindu zidana. "Eta gainera, hori egiten duzun bakoitzean nirekin gogoratuko zara!" Nik ez nion orduan ezer erantzun, baina egia zen: egunero-egunero, nahita edo nahi gabe, amarekin gogoratzen nintzen ordu horretan, logelako ohea egiten ari nintzen unean. Matematikoki egunero-egunero betetzen zen legea zen hura, dudarik gabe. Gure amak bazekien zer esaten zuen eta zergatik, dudarik gabe, hura agindu zidanean.

Orduan, logela txukuntzen eta ohea egiten ari nintzenean eta, noski, amarekin gogoratu ondoren, behin nonbait irakurri edota norbaitek —agian gure aitak— kontatu zidan istorio bitxi batekin ere gogoratu nintzen. Aspaldi-aspaldi, erreinu urrun eta apartatu batean, gizon xume bat, ehiztari arrunt bat, bizi omen zen. Eta behin basoan zebilela azti batekin egin omen zuen topo. Eta ez bat eta ez bi, ehiztariak erregutu zion aztiari laguntzeko. Orduan azti honek esan zion baietz, lagunduko ziola. Baina nonbait aztiari ez zitzaion gehiegi gustatu ehiztariak eskatzeko izan zuen modua eta orduan baldintzatxoa ipini zion. Eta esan zion: Hara, ehiztari, mundu honetan gehien desio duzun hori lortzeko modua emango dizut. Bai, nahi duzuna lortu ahal izango duzu, baina kontuz, desio hori lortzeko ahaleginak egiterakoan ez duzu inoiz ere pentsatu behar Elefante Zuri Erraldoiarekin. Hori egiten baduzu, Elefante Zuri Erraldoiarekin pentsatzen baduzu beste desio hura erabat zapuztuko zaizu eta ez duzu inoiz ere eskuratuko. Eta hortxe hasi zen ehiztari gizarajoarentzat sufrimendua. Ezin izan baitzuen ezer lortu bere bizitza guztian, zerbait desiatzen hasten zen orduko burura etortzen zitzaiolako Elefante Zuri Erraldoi haren irudia, eta ezinezkoa suertatzen baitzitzaion hura burutik aldentzea.

Ba, gauza bera niri ere. Elefante Zuria ez baina amaren irudia bai, segituan etortzen baitzitzaidan gogora ohea egiten hasi orduko eta hori egunero-egunero behin bakarrik ere hutsik egin gabe.

Nire txukuntze lanak amaitutzat eman nituenean, etxeko saloira jaitsi nintzen zerbait irakurtzeko asmoz. Egia esan, ez nuen gehiegirik irakurri begiak galdu egiten baitzitzaizkidan liburuaren lerro artean, gogoa beste nonbait nuelako, non eta Ingriden irudiarekin endredaturik eta ez liburuak kontatzen zuen istorioarekin. Irrikitzen nengoen denborak aurrera egin eta bizkleta hartzeko ordua noiz ailegatuko. Buelta batzuk eman nahi nituen Ingriden etxe aurretik ea bera ikusi edo berarekin topo egiteko aukera ona izaten nuen. Bestalde, eta unetxo batez, neure buruari galdetu nion ea gauza ote nintzen besterik gabe Ingriden etxera joan eta txirrina jotzeko eta bere ama ateratzen bazen galdetzeko ea posible ote zen Ingrid kanporatzea, eta Ingrid bera ateratzen bazen zuzenean kalera joan gintezela esan eta gonbitea egiteko. Baina hori guztia bururatu orduko, ene barrutik zerbaitek ezezkoa egiten zidan, adieraziz, alegia, ez nintzela gauza izango horretarako. Eta orduan eldarnio eder hori alde batera baztertzen saiatzen nintzen eta liburuarekin jarraitzen nuen zertxobait irakurri nahian. Baina alferrik zen, ordubete neraman gutxienez orrialde berean ez atzera eta ez aurrera, segituan hartzen baitzuen berriro Ingriden aurpegiaren itxura...

—Risky, bisita duzu —sartu zen Birgitta saloira ene bila.

—Bisita? —ni ziztu batean zutitu nintzen ezin harrituago.

—Bai —esan zuen besterik gabe eta berriro desagertu zen, hura munduko gauza arruntena balitz bezala.

Saloitik atera eta pasiluan barrena nindoanean ezin nuen sinestu nik etxe hartan bisita bat izatea eta atarira atera nintzenean, orduan berriz, ezin izan nuen sinestu begien aurrena neukana: Ingrid zen!!!

Bai, Ingrid zen nire bila etorri zena. Ezin harrituago nengoen, ezin nuen sinestu ere egin hura guztia, ez zen posible, ezin zitekeen!

—Kaixo, Risky —hasi zitzaidan mintzatzen munduko abots dultzeenarekin eta zeruko irribarre eztitsuenarekin—. Pentsatu dugu agian gurekin etorri nahiko zenuela bizikletan buelta bat ematera.

—E, e, e... Bai, beno, ni, ni... Bai, bai! —ez nengoen oso azkarra goiz hartan. Eta Ingridek nitaz horixe bera pentsa zezakeela jakiteak are eta gehiago baldartzen ninduen—. Bai, oraintxe nator.

Eta korrika batean desagertu nintzen haien bistatik. Hiru ziren guztira, Ingrid eta bi gehiago, mutila eta neska. Logelara igo nintzen karteraren bila eta segituan sukaldera jaitsi Birgittari kontatzera zer gertatu zitzaidan.

—Ongi ibili eta egun ona pasatu —izan zen esan zidan guztia, hura munduko gauzarik normalena balitz bezala.

Bizikleta hartu nuen eta kalean elkartu nintzen Ingridekin eta beste bi lagun haiekin. Berak egin zituen aurkezpenak: Hau Risky da eta hauek

Marja eta Sven dira. Eta segidan: hirigunera goaz partidua ikustera. Eta besterik gabe martxan jarri ziren hirurak, bata bestearen atzetik. Nik ere, bizikletara igo ondoren, gauza bera egin nuen, haien atzetik abiatu nintzen hirirantz.

Ikustekoa da nola errespetatzen dituzten Suedian bizikletazaleak. Ia auzo urrun eta apartatuenetan ere bidegorri bereziak dauzkate txirrindularientzat jarriak. Eta baita hirigunean ere. Eta errespetu handiz hartzen dituzte, bidegorririk ez dagoenean, bai kotxegidariek nola kamioizaleek ere. Horrela bizikletaz ibiltzea, lasai aski eta batere beldurrik gabe, gozatzea besterik ez da.

Horrelaxe, lasai eta ezin gustorago, nindoan ni behintzat goiz hartan hirigunerantz nire lagun ezagutu berriekin batera: Ingrid, Marja eta Svenekin. Haiek nire aurretik zihoazen beti eta halako batean bihurgune bat zetorrenean besoaz seinalatzen zidaten hartu behar zen bidea. Hain nindoan pozik eta alai, batera eta bestera begiratuz eta beti ere Ingrid nola zihoan aztertuz, non ez bainintzen ohartu ere egin hirigunera ailegatu ginenean.

—Hementxe da —esan zidaten iritsi ginenean, baina egia esateko nik ez nekien zer zen hura edo nora iritsiak ginen.

—Oraindik hiru ordu laurden geratzen dira hasi arte —azaldu zuen Svenek.

—Bai, nahiko garaiz ailegatu gara —baieztatu zuen Ingridek—. Goazen sarrerak hartzera.

—Baina, nora goaz? —galdetu nien azkenik harrituta.

—A, barkatu —ohartu zen Sven bere erruaz—. Ez dizugu ezer esplikatu. Hau, edifizio hau —eta eskuaz seinalatu zidan aurrean genuen eraikuntza erraldoi bat futbol estadio batekin antza handia zuena, kanpotik ikusita behintzat— Izotz Palazioa da eta hockey partidu bat ikustera etorri gara.

—Hockey partidu bat? —atera zitzaidan oihartzun gisa.

—Bai. Eta gaurkoa gainera oso garrantzitsua da.

—Egon al zara inoiz Izotz Palazio baten barruan? —galdetu zidan orduan Ingridek.

—Ba... —pentsatzen jarri nintzen urduri samar, ez erantzuna ez nekielako aurre-aurrean Ingrid eder hura niri begira zegoelako—. Ba, behin uste dut. Bai, bai, behin joan nintzen patinatzaileen ikuskizun batera.

—Ba gaurko honek ez du zerikusirik horrekin —esplikatu zidan Svenek.

Bizikletak uzteko propio jarrita zegoen aparkaleku batean utzi genituen gureak eta segidan sarrerak erostera joan ginen Palazioak zeuzkan hainbat leihatilatatik batera.

—Hogeita hamabost korona txartel bakoitzeko —esan zigun Svenek behin ilaran jarri ginenean.

Bakoitzak eman zion eskatutako dirua Seveni eta gu ilaratik atera ginen. Marja artean Sveni dirua ematen ari zitzaiola aprobetxatuz Ingridek, sorbaldatik helduz, pittin bat inguratu zuen ahoa ene belarriraino eta hauxe aitortu zidan:

—Marja mutua da.

Berehalaxe itzuli nintzen Ingridengana eta ene harridura aurpegian oharturik hauxe gehitu zuen:

—Ondo entzuten du baina ezin du hitz egin.

Egia esan ni ez nintzen horretaz konturatu, Ingridek argitu zidan erte. Ohartu nintzen bai, etxetik atera ginenetik, ez zuela hitz txintik esan denbora guztian, baina nik ez nion batere garrantziarik eman horri. Pentsatu nuen gainera besteek nitaz gauza bera pentsatuko zutela, izan ere, nik ere ez bainuen ia ahoa zabaldu denbora guztian. Baina gero pentsatzen jarrita antzeman nuen, bai, non zegoen diferentzia: bera suediarra zen eta ni ez. Hortxe zegoen diferentzia eta horregatik zen normala nik gutxi hitz egitea eta ez zen batere normala Marjak ahorik ez zabaltzea.

Guregana inguratu zen Marja eta ez genuen ezer gehiago aipatu.

Eskerrak garaiz iritsiak ginela, bestela ez genukeen lekurik aurkituko. Izan ere, sartu ginenean jendez beteta baitzegoen Izotz Palazioa eta juxtu-juxtu aurkitu genituen eserleku dexente batzuk partidua ongi ikusteko.

—Zer partidu da? —galdetu nion Sveni sartu ginenean.

Eta Svenek erantzun egin zidan, baina nik ezin dizuet orain esan berriro haren erantzuna. Bi talde ziren, nahiko onak biak, bata hirikoa eta bestea, nonbait, beste hiri batekoa. Baina halako izen arraroak ziren Svenek esandakoak non ez naizen orain gauza berriz ere errepikatzeko. Oso talde onak zirela, hori da gogoan geratu zaidan gauza bakarra.

Kirol mota hau oso ikusgarria da. Aguro mugitzen dira jokalariak patin berezi batzuen gainean batera eta bestera eta fitxa moduko bat saiatzen dira talde batekoak beste taldearen atean sartzen. Jendea larri zegoen bere taldea defendatzen eta hasieran larriago hiriko taldea galtzen hasi baitzen.

—Tira Bo! Eman Bo! Sartu Bo! —orru batean garrasi egiten zuen jendetzak.

—Bo erdiko aurrelaria da, bertako nazioartekoa —argitu nahi izan zidan Ingridek, garrasi orokor hura esplikatzearren. Eta garrasi sarkor eta ia jasanezin hura eromena bihurtu zen azkenean Bo jokalari hark gola sartu zuenean.

—Boooooo!! —esan zuen jendeak zoraturik.

(Beno, agian nik ez nuen ongi ulertu eta jendeak "Goooool!!" esan bide zuen. Ez dakit seguru).

Niri, egia esateko, berdin zitzaidan batak edo besteak irabaztea nola galtzea. Ni igual-igual geratuko nintzen. Nire partidua ez baitzen hura. Nik gogoa beste nonbait neukan. Ingridengan, dudarik gabe. Ni pozik nengoen orduan, ezin alaiago, baina ez talde bat galtzen zihoalako edo besteak irabazten zuelako, ez horixe, ni oso kontent nengoen Ingriden ondoan nengoelako eserita. Suertea izan nuen horretan ere, alde batean Marja suertatu zitzaidalako eta bestean Ingrid. Halako batean, gainera, gu eserita geunden jarleku-ilara hartan bi mutil sartu eta besterik gabe bertan eseri ziren, horrek behartu zuelarik gu, beste guztiok, oraindik ere askoz estuago eserita egotea. Une batean, sandwich bateko erdiko urdaiazpikoa bezalaxe ikusi nuen ene burua bi ogi puxketa ezin bigunagok zanpatzen nindutelarik noizbehinka partiduaren joan-etorriaren arabera eta jendearen oldarrari esker. Ni orduan ez nintzen kexatzen hasiko bada!

—Goool!! —hasi zen berriro jendea builaka eta algaraka, pozaren pozez eta malguki batek bultzaturik bezalaxe denok batera jarri ginen zutik, nahi edo nahi ez, batak bestea altxatzen zuelarik ohartzeke—. Goool!! Goool!!

(Beno, agian nik ez nuen ongi ulertu eta jendeak "Booo!!" esan bide zuen. Ez dakit seguru).

Azkenean amaitu zen partidua. Gogoan dut hiriko —hau da, bertako— taldeak irabazi zuela eta golegile handiena Bo aurrelari hura izan zela. Partidu amaieran zaletu batzuek eta taldeko beste jokalari batzuek lurretik altxata, gainean eraman zuten izotz pistari buelta osoa eginez. Hori gertatzen zen bitartean, jendearen builizio eta pozarekin batera, ikusten zegoen jendetza, eta gu tartean, zutitu egin zen eta denak batera kanta bat hasi ziren abesten, agian ekipo hark zuen himnoa, eta hori egin bitartean bakoitzak aldamenekoei ematen zizkien eskuak eta kantaren errepika iristen zenean denok batera altxatzen genituen aldamenekoen eskuak gorantz, ene kasuan Ingrid eta Marjarenak. Eta horrela behin eta berriro noizbait aspertu arte. Ni, zer esanik ez, oso gustora nengoen egoera hartan eta eskerrak ematen nizkion ene barrutik hiriko taldeari partidua irabazteagatik eta bereziki Bo aurrelari hari azken gola sartu zuelako eta orain, hari esker, nik Ingriden eskua ukitu eta gozatzeko aukera neukalako...

—Partidu borobila benetan, e? Esan, Risky, zer iruditu zaizu? —galdetu zidan Svenek.

—Oso gustora ikusi dut. Egia esan, ez nuen pentsatzen halako giro ederra egongo zenik.

Sandwichtegi batean geunden laurok. Mahai batean eserita, kristalezko leiho erraldoi batetik aurre-aurrean Izotz Palazioa genuela, sandwich batzuk jaten eta freskagarriak ari ginen hartzen. Jende ugari zegoen bertan, gehienbat gazte jendea eta partidua ikustera joandako asko eta asko.

Bozgorailuetatik paratidu amaieran guk abestu genuen himno hura bera ari ziren ematen behin eta berriz. Nonbait, restaurant hartako jabeak bazekien aski ongi nola eraman behar zen negozioa.

—Hala ere, aurreko partidua, hobea izan zen eta Bo oraindik ere maila altuagoan aritu zen, ezta? —eta aurrean eserita zeukan Marjari begiratu zion.

Honek buruaz baiezkoa egin zuen. Halako batean, sandwichak bukatzen ari ginela, beste mahai batean zegoen norbaitek oihu egin zuen: Hor daude! Hor daude!

Eta egia zen. Hockey jokalariak ateratzen ari ziren, dutxatu berriak eta uniforme dotore batez jantzita, Palaziotik eta ehun metrora zain zeukaten taldeko autobuserantz abiatu ziren. Orduan beste tropel bat, dena utzita, atera zen ziztu bizian restaurantetik jokalariengana. Dozenerdi bat ziren eta haien artean, Sven. Ezer esan gabe zutitu egin zen mahatik, sandwicharen azken pusketa hantxe utzita, eta abiada batean atera zen.

—Beti berdin —esan zuen orduan Ingridek—. Baina gaurkoan ez du lortuko, jende gehiegi baitago.

Marjak baiezko keinu bat egin zuen burua mugituz.

Nik ez nuen ezer ulertzen eta Ingridi begiratu nion. Hau, konturatu ahala, esplikatzen hasi zitzaidan:

—Piloa dauka. Autografo mordoa, Bo nazioarteko aurrelariaren autografoak biltzen ditu eta denetik dauzka bere logelan zintzilika: tinta gorriz, berdez, marko batean jarrita, bere argazki baten gainean, bere logela guztia dauka Bo aurrelariaren autografo diferentez josia. Baina gaurkoa ez du lortuko, ikusiko duzu, jende gehiegi bildu baita.

Hogei bat minutu edo horrela pasatuko ziren. Restaurantetik jendea mugitzen hasi zen eta gu hantxe geunden Svenen zain ea lortu ote zuen bere autografoa.

—Kaka zaharra! Goazen hemendik! —azaldu zen halako batean Sven gure mahaira. Bistan zenez ezin izan zuen autograforik lortu eta nahikotxo haserre zetorren. Ingrid berehalaxe ohartu zen nola zetorren eta ez genion ezer aipatu.

—Gaur ez dute autograforik sinatu. Hau besterik ez dut lortu.

Eta postal moduko argazki bat erakutsi zigun. Bertan Bo nazioarteko aurrelaria ikus zitekeen eta azpian bere sinadura.

—Entrenatzaileak autobuseko leihotik bota ditu jokalarien argazki hauek eta gero alde egin dute.

Niri bost piper inporta zitzaidan Svenen haserraldia. Nik Ingridekin egon nahi nuen eta halaxe nengoen orduan, beraz, hor konpon pentsatu nuen ene artean. Bizikletak hartu eta berriro ere poliki-poliki gure auzorantz hasi ginen itzultzen.

Ordu erdia baino lehenago iritsi ginen gure auzora. Nire etxera ailegatu baino lehen, bidegurutze batean ezkerreko bidea hartu zuen Svenek agur esanez eta eskua altxatuz. Nire etxe parera iritsi ginenean gelditu ginen hirurok. Ingrid eta Marja aurrerago bizi ziren eta hantxe egin genuen despedida laburra.

—Beno, Risky —esan zidan Ingridek— hurrengoan zu etorri gure bila nahi baduzu. Hiru etxesail haruntzago bizi naiz ezkerrerantz doan errepidearekin kantoi egiten duen etxean —esplikatu zidan nik ordurako jakingo ez banu bezala.

—Agur —eta bere bizikleta nirearen ondoraino inguratuz masailetan muxu bana jarri zizkidan ni erabat gorritu arte.

—Bai agur —atera zitzaidan niri orduan zer esaten nuen ere ez nekiela. Eta zer egiten nuen jakin gabe nire bizikleta Marjaren bizikletaren ondoraino inguratuz muxu bat eman nion honi. Marjak irribarretxo alai bat eskaini zidan eta burua zertxobait makurtu zuela iruditu zitzaidan.

Bertan geratu nintzen kieto nire bi lagunak nola desagertzen ziren ikusi arte. Orduan etxeratu nintzen Ingridek emandako muxuaz gogoratuz. Eta muxuak gogoratu ahala berriro ere gorritu egin zitzaizkidan masailak.

Txoratuta nengoen benetan. Ingridek eman zizkidan bi muxu haiek liluratuta utzi ninduten, beste mundu dultzeago batean bezala. Ailegatu nintzen etxera eta, komunetik pasatzean, ez nuen aurpegia garbitu nahi izan freskatzen hasi nintzenean. Izan ere, Ingriden usain miresgarri eta eztitsu hura gorde nahi nuen nirekin, nahiz eta jakin berehalaxe hasiko zitzaidala uxatzen.

Saloira jaitsi nintzen eta telebista piztu nuen, zerbait egitearren. Aldagailuaren laguntzaz katez kate aritu nintzen programa ezberdinak unetxo batez ikuskatzen, baina, egia esateko, nahikotxo aspergarriak egin zitzaizkidan den-denak. Telebista itzaldu eta kristalezko mahai gainean zegoen aldizkari bat hartu nuen eta eginkizun honek ere oso luzapen urria izan zuen. Gauza da ene gogoa, nahi eta nahi ez, berehalaxe joaten zitzaidala Ingridengana eta segidan haren aurpegi ederra ikusten nuen eta bere gorputz dotore eta lıraina, haren hitz egiteko era dultze eta lagunkoia... eta irudipen guzti horiekin batera katramilatzen zen ene burua. Aldizkari txatxu hura alde batera utzi eta irratian hasi nintzen pittin bat endredatzen, gustoko musika aurkitu arte. Kanta entzungarri bat aurkitu nuenean berriro jarri nintzen sofa gainean, erdi etzanda, burua sapairantz begira eta gogoa ostera ere ene neska marabiliosoarengana itzuliz.

Ez dakit seguru zenbat denboraz egongo nintzen horrela, ezer egin gabe baina ezin gustorago, nirbana moduko batean. Orduan, ez dakit noiz, baina orduan, entzun nuen atetik norbait ari zela sartzen: Birgitta anderea noski. Bai, bera zen. Eseri zen bera ere saloian nirekin batera eta hizketan hasi ginen. Zer egin nuen egunean zehar galdetu zidan eta nik kontatu nion egin genuen guztia, muxuaren pasadizoa izan ezik. Norekin joan nintzen Izotz Palazioraino jakin nahi izan zuen segidan eta nik izenak eman nizkion. Ez zidan ezer erantzun, beraz ez dakit ongi ala gaizki iruditu zitzaion nirekin joandako konpainia hura. Berak oso egun nekosoa eta aspergarria izan zuela aitortu zidan eta berehalaxe afalduko genuela esan zidan bere gelara igo aurretik.

(Hemen ohartxo bat gehitu beharrean aurkitzen naiz eta hau da esateko Suedian eta baita Eskandinabiako beste herrietan oso goiz afaltzen dela. Beno, oso goiz guretzat ze pentsatzekoa baita beraientzat ez dela ez oso goiz ezta oso berandu ere, beraientzat afaltzen da betidanik afaltzeko ordua izan den horretantxe. Guretzat da oso goiz, baina ez haientzako).

Ni ere logelara igo nintzen orduan, arropaz aldatu eta zertxobait txukuntzeko asmotan afaldu aurretik. Dutxa azkarra hartu nuen —bai, orduko Ingriden muxuen usaina aldegina zitzaidan zoritxarrez— eta beste arropak armairuan bilatzen ari nintzela ikusi nuen. Beno, ikusi nuela egin zitzaidan nahiz eta arraro samarra iruditu orduan. Arropen armairua leiho ondoan dago eta leihotik kanpora ohartu gabeko begirada egin nuenean kotxe handi bat ikusi nuen sartzen gure etxe aurreko bidexkatik lakurantz. Volvo urdina zen, luzea, nahiko berria zirudiena.

Ez dizuet orain arte esplikatu nolakoa den gure etxea. Etxe handi bat da, txalet erraldoiaren itxura hartzen duena, eta etxe bat bakarra izanik bitan dago banatua. Gure aldea, gu bizi gareneko zatia, errepiderantz dago begira eta sarrera aurrean jardin dotore bat dauka. Hortxe bertan, espaloitik hasita, atzealderantz doan bidea dator eta bide horrek darama etxearen bestalderaino. Eta bidexka horrek laku txiki batean du amaiera, gure aldetik ikusten ez dena baina bestaldean bizi direnentzat oso ikusmira ederra ematen duena.

Gauza da armairuan arropak bilatzen ari nintzenean nahi gabe leihotik egin nuela begiratu azkarra. Eta orduan ikusi nuela lakurako bidean kotxe handi bat nahikotxo arin pasatzen eta iruditu zitzaidala kotxeko gidaria... nor izango eta Sven zela! Aurpegia ez nion ongi ikusi baina bere ilajea oso antzekoa egin zitzaidan. Gainera galtza bakeroak berdeak ziren eta alkandora gorria zen eta halakoxea zen Svenen janzkera gurekin bizikletan etorri zenean. Baina harrigarria egin zitzaidan bera han ikustea. Bera baldin bazen, zertara etorri zen lakura? Zergatik utzi zuen etxean bizikleta eta kotxez iritsi zen? Nire bila ote zetorren? Bai, horixe zen: nire bila zetorren eta etxez okertuta beste aldeko etxera joan zen nitaz galdezka.

Ziztu bizian jantzi nintzen. Oinetakoak lotu, korrika eta edozein modutara ilea orraztu eta abiada batean jaitsi nituen eskailerak atarira iritsi arte. Bidexkatik korrika egin nuen beste etxerainoko ibilaldia eta etxe ertzera iritsi nintzenan gelditu nintzen bat-batean. Hantxe zegoen kotxe urdina beste bizilagunen ate aurrean eta kotxe barruan ez nuen inor ikusi. Lakurantz egin nuen so, eta hantxe ilaran jarrita dauden zurezko hiru eserleku luzeetan ez zegoen inor.

—Beraz, Seven —erabaki nuen— etxe barruan zegok.

Hori baldin eta kotxea ekarri zuena Sven bazen.

Berriz ere etxera itzuli nintzen. Etorri aurretik kotxeko matrikula gogoratu nuen, bada ezpada ere: STR 8512 AX. Baina ezin nuen etsi horrela, besterik gabe. Jakin nahi nuen nor zen kotxearen gidaria. Beraz saloian gelditu nintzen leihatetik begira ea noiz alde egiten zuen kotxe hark. Denboratxo bat iraun nuen horrela, kanporantz begira ea norbait pasatzen ikusten nuen baina alferrik izan zen. Horretan nengoela Birgittak afaltzeko deia egin zidan sukaldetik eta ene behatokia utzi behar izan nuen.

Gose nintzen. Eta gogo handiz jan nuen Birgittak prestaturiko afaria: entsalada berezia, solomo xerra pare bat patata purekin eta amaitzeko fruta, sagarrak. Edateko berriz, esnea. Okerrena zera zen ordea, sukaldeko leihoak ez zuela ematen bidexkarantz eta ezin izan nuela zelatan jarraitu. Ordurako alde egina zegoen, seguraski, Sven edo kotxe gidari misteriotsu hura ene begietatik.

—Birgitta —zerbait galdetu beharko nion ezer jakitekotan—. Nortzuk bizi dira bestaldean?

Ez dakit seguru, agian minutu erdi bat baino gehiago ez zen isilik egongo, baina niri egunerdia egon zela mutu iruditu zitzaidan, ezer erantzuten hasi baino lehen.

—Ez gara ongi konpontzen —izan zen berak eman zidan erantzuna laburpen orokor gisara—. Oso jende bitxi eta arraroa da.

Eta hortxe amaitu zen dena. Ez zidan argibide gehiagorik eman nahi izan. Nonbait istiluren bat edo beste gertatua zen noizbait euren artean eta orain Birgittak ez zuen hasi nahi gauza guzti haiek bergogoratzen eta niri esplikatzen. Horretantxe amaitu genuen afaria. Trasteak bildu, mahaia eta bestelakoak txukundu eta saloira joan ginen biok. Jakina, orduan ezin nuen jakin handik kotxeak bertan jarraitzen zuen ala ez. Birgittak arratsaldeko egunkaria irakurtzeari ekin zion telebista piztuta albisteen programaren zain geratzen zen bitartean.

—Lakuraino noa —abisatu nion— paseotxo bat egitera

—Oso ondo —erantzun zidan egunkaria irakurtzen jarraitzen zuen bitartean.

Ez zegoen presarik, ez nuen hil ala biziko ezer egitekorik, baina etxetik atera nintzenean ene burua aurkitu nuen pauso bizkorrak ematen, gero eta azkarragoak bidexigor hartatik lakurako bidean, bestaldeko etxe kantoira iritsi arte. Iritsi nintzenean, ikusterik izan nuen ez zegoela ezer bertan.

Ez zegoen kotxe arrastorik. Alde egina zuen afaltzen nengoen bitartean eta beraz ezin izan nuen jakin Sven zen —nik uste bezala— ala beste norbait bizilagun arraro eta misteriotsu haiengana etorri zena. Paseotxoa ematen jarraitu nuen eta lakuraino iritsi nintzen.

Oso laku polita iruditu zitzaidan. Ez zen oso handia eta zabalera zuen luzera baino gehiago. Jostailuzkoa ematen zuen guk txikitan etxean egindako jaiotzan zilarrezko paperez egindakoaren modukoa. Birgittak esan zidanez neguan beti egon ohi zen guztiz jelatuta eta behin batean neguan eta errepideak moztuta egon zirenean, helikoptero batek lur hartu omen zuen bertan urjentziazko salbamendu batean.

Zurezko eserleku haietako batean eseri nintzen. Halako batean disimuloz atzerantz begiratu nuen. Bizilagun arraroen etxerantz egin nuen so, baina ez nuen ezer bitxirik sumatu. Ez nuen inor ikusi kanpoaldean, ezta ere leihotik niregana begira. Eskubi aldera errepide nagusitik zetorren bidexigorra ikusten zen eta errepidean noizbehinkako kotxeen pasatzea alde batera eta bestera.

Harritxintxar batzuk hartu nituen lurretik eta lakuko uretarantz botatzen hasi nintzen, besterik gabe, ikustearren zernolako uhintxoak osatzen ziren zirkulu gero eta haundiagoak eta borobilagoak eginez. Lan horretan ari nintzela pentsatzen hasi nintzen zertan ari ote zen orduan bertan nire Ingrid maitea, ea afaldu ote zuen ordurako galdetzen nion ene buruari eta baiezkoa erabaki nuen, ordurako afaria amaituko zuela dudarik gabe. Ea joango nintzen orduan, bizikleta hartuta, bere etxera edota bere etxe ingurura galdetu nion ene buruari ezertara ere ez, soilik bisitatxo bat egitera besterik gabe... baina ezetz, ezezko borobila etorri zitzaidan ene barrutik segidan, ezta pentsatu ere... gainera zer pentsatuko luke berak arratsaldean elkarri agur-muxu haiek eman ondoren eta berehalaxe, handik ordu gutxitara, berriro bere aurrean azaltzen banintzen... zer iritziko lioke horri? Eta zer esplikazio mota eman beharko nioke nik orduan Ingridek galdetuko balit: Eta zertara etorri zara orain?

Hori pentsatze hutsarekin gorritzen hasi zitzaizkidan berriro masailak, urduritzen hasi nintzen eta ene bihotzaren taupadak inoiz baino azkarrago eta erotuago hasi zitzaizkidan lanean. Harri handiago eta pisuago bat bota nuen uretara horrela pentsamendu lazgarri haiek uxatzeko asmotan.

Pixkanaka harritzar hark sorturiko ur-uhinak hasi ziren aldentzen eta poliki ezabatzen. Orduan ezusteko bat gertatu zen, azken uhina desagertzen zihoanarekin batera beste harritxo bat erori zen nonbaitetik eta nik egindako azken ur-uhinaren ondoan beste hainbeste hasi ziren sortzen eta azkarki zabaltzen.

Atzera begiratu nuen: ene sustorako, eserlekuaren atzetik Marja zegoen nire ondoan zutik, geldo eta lasai, irribarrea niregana zuzentzen. Hasieran zertxobait ikaratu nintzen ezusteko harekin. Marjak eskua altxatu zuen agur gisan eta niri Kaixo mehe bat atera zitzaidan eztarri lehorretik. Nire ondoan esertzeko keinua egin nion eta horrelaxe egin zuen berehala. Ahoaz "In-grid", "Ingrid", egiten zuela iruditu zitzaidan eta eskuaz errepiderantz seinalatu zuen. Hantxe, petrilean kontra utzita bere bizikleta ikusi nuen eta nonbait Ingridengana zihoala esplikatu nahi zidan. Nik, ez dakit zergatik, burua jaitsi nuen bitan, ulertu niola esanez bezala. Orain, pentsatzen jarrita, ez dakit zergatik ez nion normal hitz egin eta hauxe esan: "A, Ingriden etxera zoaz, oso ondo". Izan ere, bera zen mutua, Marja, eta ez ni, baina bere aurrean ez zitzaidan horrelakorik atera. Ez nekien ongi nola moldatu bere aurrean. Egia esateko, ez bere aurrean eta ezta Ingriden aurrean ere, baina tira, zer egingo nuen bada...

Hantxe geratu ginen biok, lakuari begira, isil-isilik berak ezin zuelako hitzik egin eta nik, berriz, ez nekielako nondik hasi edo zer esan. Une batean pentsatu nuen Marjak adieraziko zidala, keinu garbi batez, nik ere har nezala bizikleta eta joan gintezkeela biok Ingridengana, baina ez zidan horrelakorik eskaini. Alderantziz, hantxe geratu zen ene ondoan aldika niri begiratuz segidan lakura begira geratzeko. Nik ere gauza bera egiten nuen, Marjari begiratu eta segidan lakurantz zuzendu ene aurpegia baina ezer esan gabe. Gero bururatu zitzaidan nik proposa niezaiokeela gu biok, nik ene bizikleta hartu ondoren, elkarrekin Ingridengana joatea, baina ez nintzen ausartu. Beraz, horrela jarraitu genuen ez dakit nik zenbat denboraz, halako batean bera zutitu zen arte. Ahoaz Agur! ahozkatzen zidala iruditu zitzaidan eta beste irribarretxo bat eskaini zidan. Segidan bidexigorretik abiatu zen errepideraino. Han bizikleta hartu eta aurrera jo zuen Ingridengana eta ni, bakar-bakarrik, txotxolo bat bezala geratu nintzen lakuari begira.

Berandu samar esnatu nintzen goiz hartan. Berandu samar oheratu nintzelako eta dexente kostatu zitzaidalako lo geratzea. Izan ere, lakutik bueltan etxeratu nintzenean pentsatzen jarri nintzen egunean egindako eta ikusitako guztiaz eta horrela joan zitzaizkidan, ohartu gabe, orduak. Gainera, bitartean, aitaren deia izan nuen eta hizketan egon ginen luze. Telefonoz hots egin zidan Suediako iparraldeko ez dakit nongo hiritik eta ea nola nengoen galdetu zidan. Bera ere ongi zegoela baina, hori bai, oso lanpetuta batetik bestera gelditu gabe. Etxekoekin ere hitz egin zuela eta denak primeran zeudela, ama, Ixidro eta aitona. Eta eskuminak ematen zizkidatela etxetik eta berak berriz laster arte eta txintxo ibiltzeko esanda moztu zuen solasaldia.

Kasualidadea zirudien baina nik amaitu eta handik oso gutxira beste dei bat izan zen, baina oraingoan Birgittarentzat. Senarrak deitzen zion ez dakit nondik eta, nahiz eta ez nion ezer galdetu, pentsatzekoa da hark ere bere negozio-ibilaldien berri emango ziola. Azkenean, oheratu nintzenean, baneukan zertan pentsatu: hasi Ingridekin, segi

Marjarekin eta Svenekin eta gero, etxekoekin hasi nintzen pentsatzen eta gogoan bueltak eta bueltak ematen. Ez da harritzekoa beraz ez banuen lo hartu nahiko berandu arte.

Biharamunean esnatu, garbiketak egin eta jantzi ondoren behera jaitsi nintzen, sukaldera. Ordurako ez zegoen inor bertan eta Birgittaren ohartxo bat aurkitu nuen, niretzat idatzita, mahai gainean. Lasai gosaltzeko esnatutakoan esaten zidan eta ez kezkatzeko bera hirira joan zela enkargu batzuk egitera eta. Beraz, bakar-bakarrik nengoen etxe handi hartan. Oso lasai hartu nuen dena. Sukaldeko irratia piztu eta musika aurkitu nuen ez dakit nongo emisora batean eta segidan gosaria lasai prestatzeari ekin nion, ez baineukan inolako presarik orduan.

Horretan ari nintzela postariaren bozina hotsa entzun nuen. Furgoi txiki batekin etortzen zen egunero eta bidegurutze bakoitzean gelditu baino lehen bozina hotsa jotzen zuela hiru aldiz ohartua nintzen ordurako. Gosaria utzi alde batera une batez eta etxetik atera nintzen postariarengana. Zaku handi batean zekarren korreoa eta ni etxetik ateratzen ikusi ninduenean guretzat ziren aldizkari, egunkari eta paketeak buzoi gainean jartzen hasi zen, besteak alde batera utzita. Egun On esan genion elkarri eta lehen aldizkari eta egunkari multzoa eskura ematen hasi zitzaidanean, buzoi gainean utzitako pakete dorretxoa lurrera erori zitzaion. Nik lagundu nion dena jasotzen eta azkenean nik bi eskuekin azpil moduko bat jarri behar izan nuen bitartean postariak guretzako zen korreo guztia gainean jartzen zidala. Agur esan nion eta oreka ez galtzen saiatuz etxeratu nintzen berriro bi eskuekin egunkari, aldizkari eta paketez osaturiko menditxo bat neraman bitartean.

Miatzen hasi nintzen gutunazal eta pakete guztiak. Harritzekoa baldin bazen ere hantxe zegoen niretzat beste paketetxo bat egunero bezalaxe. Ordurako hasia nintzen aldez aurretik antzematen: gutunazal handi samarra beti ere laranja kolorekoa betiko zigiluez hornituta —Suediako erreginaren irudia zeramatenak urdin edo berde kolorez— eta beti bezalaxe, atzealdetik ezer ere ez, igorle izenik gabe. Ukitu egin nuen azal hura zabaldu aurretik, gogor samarra iruditu baitzitzaidan lehenengoan gutuna izateko. Zabaldu eta konpakt-disk bat zela egiaztatu nuen. Musika arloan eta Eskandinabia osoan nahiko ezagunak diren Värttina taldekoen disko bat zen, azkena seguruenik. Egia esan, nik behin baino gehiagotan entzunak nituen Euskal Herrian, baina diska hura ezezaguna egiten zitzaidan, beraz, azkena eta atera berria zitekeela pentsatu nuen. Ez nuen ezer egitekorik goiz hartan eta erabaki nuen orduantxe bertan entzungo nuela Värttinaren azken diska hura. Katiluan geratzen zitzaidan esneari azken txurrutada eman nion. Saloian bazegoen musika entzuteko aparailu ezin hobeagoa eta hantxe bertan entzungo nuela erabaki nuen. (Nire gauzekin batera ekarria nuen konpakt-diskak entzuteko aparailu portatil txiki bat, baina saloikoan askozaz hobeto entzuten zen musika, hamaika aldiz hobeto).

Orduan gogoratu nintzen aurrena ene logela txukundu beharko nuela eta horixe egin nuen momentu batean: gora igo eta ohea egin eta dena txukun eta bere lekuan utzi. Segidan behera jaitsi nintzen berriro. Sukaldera joan nintzen konpakt-diskaren bila eta hantxe, mahai gainean eta egunkari, aldizkari eta paketeak osaturiko multzo artean beste paketetxo bat ikusi nuen zegoela: gogor samarra eta laranja koloreko gutunazal batean bilduta. Beste korreoaren azpitik kilika egiten zidan Suediako erreginaren irudiak gutunazalaren ertz batetik. Ukitu egin nuen eta gogorra zen hau ere:

—Tira —pentsatu nuen orduan— gaurkoan bi konpakt-disk bidaltzen zidatek. Ez zegok batere gaizki.

Eta besterik gabe paketea zabaltzeari ekin nion, pentsatuz nahiago nuela Värttina ez beste edozein talde edo abeslariren diska izatea, bereziki musika estiloa zertxobait aldatzearren. Baina ene sorpresa eta ezustekoa aldez aurretik pentsatu baino askoz handiagoa izan zen dudarik gabe: ez zen konpakt-disk bat!

Tamainaz konpakt-disk bat baino handiagoa, koadro bat zen olioz margotua. Paisaia elurreztatua ikus zitekeen eta han, atzealdean, herriska ttiki bat bere elizatxoaz eta zurezko txabolez inguraturik. Zeru aldea ilun zegoen, ekaitza etortzear bailegoen. Koadroaren eskubiko ertzean ez zetorren datarik, soilik artistaren izen eta abizena. Koadroaren atzealdean begiratu nuen eta ez zegoen ezer idatzita edota margotuta. Eta gutunazalaren barruan ezertxo ere ez paper bat ezik. Orrialde erdia zen eta goialdean data zetorren eta Stockholm-eko helbide bat. Gero, ez zetorren ezer idatzita, soilik zifra bat orriaren erdialdean, baina tatxatuta eta behealdean garbi irakur ezin zitekeen sinadura bat. Zifra tatxatuak zerbaiten prezioa ematen zuen —seguraski koadroarena— eta hauxe zen prezioa: 225.000 koroa. Baina esan bezala X handi batez zegoen tatxatua.

Orduan hasi nintzen ni, erabat harrituta, pentsatzen ea zer ikusirik ote nuen guzti harekin eta ezezko borobila heldu zitzaidan segituan. Laranja koloreko gutunazal handia hartu nuen eta egiaztatu nuen atzetik ez zetorrela ezer idatzita, ez igorle izenik ez ezer. Eta zakarrontzira botatzera nindoanean (konpakt-diska zetorren azalarekin egin nuen bezalaxe) aurrealdean zetozen datuak begiratzean ohartu nintzen, ene harridurarako, pakete hura ez zela niretzat!

Zeharo okertu nintzen pakete hura, besterik gabe, zabaltzean. Baina norentzat zen orduan? Oso idazkera kaxkarrez eta dardartiaz ematen zuen idatzia eta nik behintzat ezin izan nuen ulertu hantxe idatzita zetorrena. Baina hori bai, garbi antzeman zitekeen nire izen-abizenak ez zeudela han jarriak, baina norenak orduan? Han ez baitzuen jartzen nire izena edota aitarena, ezta ere Birgitta edo Janena. Helbidea, ordea, zuzen zegoen, auzoa, kalea eta etxearen zenbakia ongi zetozen. Gutunazala berriro lisatzen eta txukun jartzen saiatu nintzen orduan eta, besterik gabe, koadroa sartu nuen lehen zegoen bezalaxe. Eta beste korreo guztiarekin batera utzi nuen sukaldeko mahai gainean. Gero Birgittari esango niola gertaturikoa erabaki nuen. Ene konpakt-disk berria hartu —opari hura benetan nirea baitzen!— eta saloira joan nintzen Värttinaren musika entzutera.

Telefonoa hoska hasi zen. Ez dakit noiz hasiko zen ni musika ozenki samar ari bainintzen entzuten eta agian ez nuen lehenengoan entzun. Baina halako batean, konpakt-diskako kanta bat amaitu eta hurrengoa hasi bitartean garbi entzun nuen telefonoa hoska ari zela. Birgitta zen. Ea ondo lo egin al nuen jakin nahi zuen eta susto handia hartu al nuen etxean inor ez zegoela ikustean. Baietz eta ezetz erantzun nion. Hirian zegoela egun guztirako enkargu eta betebehar batzuk burutzearren eta plan bat proposatu nahi zidala.

Etxean egoteko lasai aski esan zidan eta zertxobait bazkaltzeko bertan. Frigorifikoan edo izozkailuan zegokeen zerbait hartzeko eta mikrouhinetan prestatzeko. Gero musika emanaldia zegoela hiriko Kultur Centrum-ean eta ea nahi nuen berarekin ikustera joan. Baiezkoa esan nion. Orduan arratsaldeko hiruretan geratzen ginela elkartzeko Kultur Centrum-en atarian eta horretarako etxe aurrean gelditzen zen 109 zenbakia zeraman autobusa hartu behar nuela.

Horrela geratu ginen eta horrelaxe egin nuen. Saloira joan nintzen konpakt-disk berri hura entzutera. Bazegoen kanta bat bereziki izugarri gustatzen zitzaidana eta hori gustora entzuten nuen. Beste kantak ere ez zeuden gaizki. Laburtzeko, nahiko diska ona zen hura. Horrela nengoela, lasai aski musika entzuten, saloiko leiho batetik ikusi nuen kotxe gorri bat, land-rover modukoa, abiada handian atzealdeko etxetik errepiderantz pasatzen. Bidegurutzean zertxobait gelditu zen, gurpilek hots zizkolatsua ateratzen zutela harritxintxarren gainean, eta ziztu batez ezkerrera jo eta handik alde egin zuen.

—Bizi dituk —pentsatu nuen ene artean—. Orain bazekiat norbait bizi dela atzealdeko etxean.

Egia esan, ez nuen ongi ikusterik izan zenbat jende zihoan autoan, baina iruditu zitzaidan gidaria mutil gazte bat zela. Etxetik atera nintzen orduan eta poliki-poliki, lakurako bidea hartuz eta paseoa egingo banu bezalako patxadaz, atzealdeko etxerantz inguratu nintzen. Garajea itxita zegoen eta kanpotik begiratuz ez zen ezer berezirik antzematen. Laku ondoan dauden eserlekuetaraino iritsi nintzenean buelta eman nuen eta berriz ere etxerantz abiatu nintzen.

Sukaldaritza arte bat da, aski garrantzizkoa eta hori benetan esaten dizuet. Ez baldin badakizu ongi kuzinatzen, orduan ohartzen baitzara zein inportantea den ongi jatea eta horretara, zein garrantzizkoa den sukaldean ongi moldatzen jakitea. Ez da nire kasua, benetan diotsuet.

Birgittak agindu zidan bezala izozkailua zabaldu nuen. Han, hainbeste gauzaren artean, aurrekuzinatua zetorren paella ikusi nuen. Kartoizko kaxa batean zetorren eta pentsatu nuen gustora bazkal nezakeela paellatxo bat eta horretara jarri nintzen. Kartoizko kaxa bat zabaltzea oso lan erraza da eta bertakoa plater batera zerbitzatzea are eta errazagoa oraindik, baina behin mikrouhinekin hasten bazara endredatzen aldez aurretik ezertxo ere ez dakizunean —eta hori zen ene kasua orduan— ba, kitto. Orduan hasiko dira komediak benetan. Ez dakit nik denbora gehiegiz eduki nuen paella hura labean kixkaltzen edota gutxiegi egon zen, ezta ere mikrouhinetako botoiak ongi erabili nituen... Gauza da paella hura prestatutzat eman eta dena mahaira atera nuenean ba... ez zuela hark oso itxura onik. Dastatzen hasi eta aurreko inpresio hura areagotu egin zen, alde txarretik noski. Goikoa erre samarra zegoen eta barrualdekoa egin gabea eta nahiko hotza edo izoztua artean.

Tira, nola edo hala saiatu nintzen ahalik eta gehien jaten eta azkenean, etsita, utzi eta zakarrontzira bota nuen. Eskerrak bazegoela ogia, gurina eta gazta nahikoa eta soberan etxe hartan eta, egia esateko, hori izan zen ene benetako bazkaria, tajuzkoa behintzat, eguerdi hartan.

109 zenbakia zeraman autobusa txintxo iritsi zen bere garaian etxe aurreko geltokira. Ordu hartan, gidariaz gain, amonatxo bat besterik ez zihoan autobusean bere txakurtxoarekin batera. Marilin horietako txakurtxo bat zen eta tapaki gisa, hoztu ez zedin, oihal eskoziarrez egindako berokitxoa

jantzita zeraman. Oso formal zihoan amonaren ondoan eserita... niri begira denbora guztian. Nire aldetik begiratu eta mutiko bat ikusi nuen bizikletaz zihoala bidegorritik, gure autobusaren parean. Martxa handiz eragin behar zien oinpekoei gure parean mantentzearren eta aldika niri begiratu eta irribarre egiten zidan. Autobusak gorriz zegoen semaforo batekin topo egitean, orduan aprobetxatzen zuen mutikoak bidegorritik aurrera egiteko, baina handik ez luzera autobusa berriro inguratzen zitzaion atzetik. Nik orduan mihia atera nion eta berak, ostera ere, irribarre batez erantzun zidan. Hurrengo semaforo gorrian, aldiz, zertxobait despistatu nintzen. Izan ere, autobusaren aurrean, baina bestaldetik —hots, hiritik— zetorrela kotxe handi bat gelditu baitzen. Urdina zen eta Volvo markakoka. Bai, Sven zen pasaeran egiaztatu nuenez, nahiz eta matrikula hartzeko betarik izan ez, eta ez zihoan bakarrik. Aldamenean Marja zetorren. Sven esku batekin esplikazioak emanez zetorren eta Marja bere aldeko leihotik kanporantz begira zihoan. Gehiago zehazteko gogoa izan nuen orduan, baina begibistatik desagertu zitzaidan kotxe hura semaforoa berde jarri orduko.

Agindutako ordua baino zerbait lehentxeago nengoen plaza nagusian kokatzen zen Kultur Center-en. Ez nuen sarreran zegoen jendearen artean Birgitta ikusi eta barrura sartu nintzen. Barruan hall edo sarrera nagusia zegoen, anfiteatro moduko bat osatuz marmolezko sei zutabek sostengatzen zituztelarik bigarren eta hirugarren solairuko sapaiak. Erdialdean pasilu luze bezain zabala zegoen eta liburudenda bat aurkitzen zen alde batera eta bestera. Pasiluarekin etenik egiteke mahai eta aulki batzuk batera eta bestera jarrita bat eginez segidan zetorren bar-restaurant begetariano batekin. Eta aurrerago, pasiluaren amaieran jadanik, zegoen musika areto nagusia. Bueltatxo bat egin nuen handik, eta segidan liburudendan hanhemenka hasi nintzen liburu batzuk ikuskatzen. Horretan nengoela eta kanporantz begiratu bat egin nuenean ikusi nuen Birgitta zetorrela, kaletik marmolezko eskailera erraldoi haiek ari zela igotzen.

—Zer moduz, Risky? —galdetu zidan irribartsu eta segidan ea arazorik izan nuen bertara iristeko.

Ezetz erantzun nion eta ezer baino lehen —eta jakinik lehenago edo beranduago horretaz zerbait jakin nahiko zuela— sukaldari gisa bizi izan nituen gora-beherak kontatu nizkion. Ez dena izan zen moduan, esan beharra dut zertxobait itxuraldatu niola bertsioa, aitortuz nik prestaturiko paella nahiko goxoa zegoela.

—Benetan? —gehiago jakin nahi izan zuen—. Bere puntuan al zegoen? Asmatu al duzu ez gehiegi erretzen?

Ni, ahal izan nuen moduan, bera lasaitzen saiatu nintzen eta benetan adierazi nion ez nengoela gosez, eta primeran geratu nintzela, ez kezkatzeko horregatik.

Txartelak erosi genituen eta musika aretora sartu ginen. Esku-programetan irakur zitekeenez "Baltikus" deitzen zen hirukote hura eta musika klasikoa jotzen zuten, bereziki erdiarokoa eta iparraldeko maisuena. Bi neskek biola eta bibolina jotzen zuten eta mutil batek ahots hutsez kantatzen zuen. Ni, egia esatearren, ez nago ohituta horrelako musika emanaldietara, baina esan beharra dut gustatu zitzaidala kontzertu berezi hura. Jakina, pieza batzuekin besteekin baino gehiago gozatu nuen, baina orokorrean esan dezaket oso polita eta interesgarria egin zitzaidala emanaldia.

Kontzertu hartan kontatzeko moduko bi gauza gertatu ziren: bata, nahiko bitxia eta berezia benetan eta bigarrena, nahiko ona niretzako behintzat.

Bat) Kontzertuaren lehen aldia amaitzear zegoenean eta atsedenaldia hasi aurretik pieza nahiko luzea aritu ziren jotzen "Baltikus" hirukoteko musikariak. Hain luzea nonbait non aretoaren erdialdean eserita zegoen gizonezko lodikote batek lo hartu baitzuen eta zurrunkaka hasi baitzen hirukotearen musikari laugarren abots berri bezain espantagarria erantsiz. Jendea, aurrena bere inguruan zegoena eta segidan areto guztikoa, nahiko urduritu zen, baina lodikoteak hantxe jarraitzen zuen zurrunka batean. "Baltikus" hirukoteko gazteak ez ziren, ordea, gehiegi larritu. Ez zuten ezer esan, hori bai, edukazio handiz pieza bere hartan utzi zuten aurrera segi gabe eta orduan isiltasun urduritsua nagusitu zen aretoan soilik, une batez, apurtua zurrunka hots haiekin. Orduan norbaitek, aldemenean zegokeen batek seguraski, kolpe pare bat eman bide zion lodikoteari eta hau bere ametsetatik atera zen nola edo hala. Ez nion orduan aurpegia ikusi, baina pentsatzekoa da, ezin lotsatuago, gorri-gorri jarriko zitzaiola.

Ezuste hori amaitu zenean areto osoa txalo batean jarri zen, hirukotearen lana aintzat hartuz eta, barkamena eskatzearekin batera, animatzearren. Azken pieza luze hura berriro jo zuten hasiera-hasieratik eta jende guztiak atentzio osoz entzun zuen, adi-adi, eta han ez zen gehiago zurrunka hotsik entzun.

Bi) Nik hartu nuen, ordea, hurrengo ezustea. Ezuste zoragarria benetan eta marabiliosoa. Atsedenaldian gertatu zen. Atera ginen Birgitta anderea eta biok bar-restaurantera eta bat agurtu, bestearekin hitz egin egon zen tea eta freskagarri bat hartzen genituen bitartean. Eta halako batean han non azaltzen zaigun Ingrid bere amarekin. Egia esan, bere ama izan zen azaldu zena Birgittarekin hitz egitekotan, baina, zorionez, ez zetorren bakarrik: ene Ingrid maitea hantxe zegoen, inoiz baino ederrago, bere amarekin. Dena beltzez jantzita zetorren, ezin ederrago: soineko motz beltza, zapata beltzak, belarritako beltzak eta baita ileko zinta ere bere hori koloreko adats marabiliosoa bilduz.

Ni kokilduta geratu nintzen halako ikuskizun ederraren aurrean eta bazirudien mutu nengoela. Eta ez nengoen mutu, baina ez nekien zer esan, ez nekien nora begiratu, eta ez nekien zer egin. Birgitta eta bere ama hizketan ari ziren eta Ingrid hasi zitzaidan orduan:

—Etorriko zara festara, ezta?

Eta nik tonto samar:

—Zein festara?

—Ba, nire urtebetetzeko festara. Gonbidatuta zaude. Jende asko bilduko gara.

—A, bai, bai...

Egia esan, ez dakit "Baltikus" hirukoteak eskainitako kontzertuaren bigarren zatia nolakoa izan zen. Pentsatzekoa da lehen zatia bezain ederra eta bikaina izango zela, baina nik ezin dut hori segurtatu. Denbora guztian egon bainintzen ene gauzekin endredaturik eta erdiaroko musikari ez nion kasu gehiegirik egin. Ingriden irudia nuen berriro ere gogoan eta horrekin nenbilen bueltaka. Bere irudi ezin ederragoarekin eta berak egindako gonbidapenarekin. Festa batera nengoen gonbidatuta! Eta ez nolanahiko festa batera ere, Ingriden urtebetetze-festara!

Horrelako burutazioekin eman nuen kontzertu guztia. Lehengoan ez bezala Ingrid eta bere ama gu baino atzerago zeuden eserita eta beraz, ezin nuen Ingrid ikusi... eta ezin nuen etsi bera ikusi gabe! Halako batean ausartu nintzen eta, ez bat eta ez bi, atzerantz jiratu nuen burua ea topatzen nuen bere aurpegi ederra. Baina okerreko aldera begiratu nuen nonbait eta, hango iluntasuna zela medio, ez nuen ezer antzematerik izan. Gero, ordea, ez nintzen ausartu bigarren aldiz atzera berriro begiratzera.

Kontzertua amaitu zenean bai, orduan urrutitik ikusi eta agur esan genion elkarri eskuaz. Eta gauza bera egin zuten Birgittak eta Ingriden amak. Guk gure kotxea aparkalekuan hartu genuen eta etxerako bidean jarri ginen segidan.

SUEDIAKO OHITURAK

Natura oso indartsu azaltzen da Suedian, bere indar guztiaz. Negua oso luzea izaten da hemen, hilabeteak eta hilabeteak irauten baititu eta uda, aldiz, nahiko motza suertatzen da. Jendea hemen ohituta dago, gu baino gehiago, hotza, euria, elurra eta izotzarekin batera bizitzera. Gauak izugarri luzeak egiten dira eta egunak, berriz, oso laburrak.

Hau guztiau kontatzen dizuet etxe honetara iritsi nintzen lehen egunean eta gertu dagoen lakua ikusi nuenean iruditu zitzaidalako posible zela —egun eguzkitsuren bat aprobetxatuz— bainu bat bertan hartzea. Eta hortxe ikusten da nire inuxentzia eta ezjakintasuna. Lakuko ura hotz-hotza baitago beti, urte sasoi honetan, eta bainatzeko kontu horiek alde batera utzi behar dira uretan eskua sartzearekin batera.

Hemengo jendea oso diferentea da gure aldekoarekin hasten bagara gonparatzen. Historiak, kulturak, ohiturak eta guztiaren azpitik naturak badu eragin aski diferentzia horretan. Esate batera-ko, zortzi edo bederatzi hilabete irauten duen negua edukitzeak bertako jendea bultzatzen du guk inoiz egiten ez ditugun gauzak egitera. Hasteko, egunak eta egunak etxe barruan egotera behartzen zaitu halako eguraldi kaxkarra izateak. Har dezagun, adibidez, Birgitta eta Jan Blaidbergtarren kasua: beren logelan ohe aurrean eta sapaitik zintzilika jarrita telebista erraldoi bat daukate eta Birgittak berak esan didanez, orduak eta orduak ematen dituzte ohean sartuta aparailu horri begira etengabe. Egun askotan arratsaldeko bost t´erdietarako edo seietarako afalduta daude eta zer egin orduan? Ba, zuzen-zuzenean ohera sartu, telebista piztu eta hantxe geratu aspertu arte edo loak hartu arte, biharamunean goiz jaiki beharra dago eta hirira lanera joateko.

Baina askotan biharamunean hirira lanera joateko komediak izaten dira. Komediak eta zailtasunak. Eta handiak gainera. Askotan eta askotan errepideak itxita daude edo ez badaude itxita zailtasun handiz eraman daiteke kotxea eta hobea da beste modu batez aproba egitea. Jakingo duzuenez Suedian milaka eta milaka laku eta ibai daude. Batzuk oso handiak dira eta ugari dira euren artean komunikaturik daudenak. Hau da, posible da laku batetik bestera joatea ibai, ubide edo kanal txiki baten bitartez. Orduan, Birgittak esan didanez, eta kontuan izanik ibaiak eta lakuak erabat jelatuta daudela, posible da ibai eta laku izoztu horiek errepide modura erabiltzea. Badaude motor txiki batzuk, bizikleta moduan maneiatzen direnak, eta jende askok aparailu horiek erabiltzen ditu lanera joateko. Gainera herrixka askotan daude abioneta eta hidroabioiak. Udan, ibaiak eta lakuak behar den bezala daudenean, hots, normal, bada, orduan hidroabioi txiki batzuk erabiltzen dituzte taxi moduan batetik bestera joateko eta beti ere laku horietan ur hartzen dute. Eta negu aldean berriz, den-dena izozturik geratzen denean, abioneta txikiak erabili ohi dituzte herrixka batetik bestera edota hirira joan eta etortzeko.

Dena dela, gauza harrigarri asko baldin badira ere Suedian, ni gehien harritzen nauenetako bat elikadura kontua da. Janariarena alegia. Hortxe ikus daiteke garbi asko zein ezberdinak garen batzuk eta besteak. Hamaika adibide jar nezake, baina pare bat besterik ez dut aipatuko. Har ditzagun, esate baterako, perretxikoak. Euskal Herrian ero amorratuak gara perretxiko kontuetan. Zain egoten gara noiz aterako diren. Badakigu, gutxi gora-behera, noizko eta zein lekutan, halako eta halako menditan edota beste baso honetan edo hartan, atera daitezkeen eta non aurki ditzakegun errazki. Eta ez hori bakarrik, zaindu eta begiratu egiten ditugu leku horiek, besteak azaldu ez daitezen geurea soilik uste dugun altxor hori ez galtzearren. Eta jan, ia guztiak jaten ditugu, ia mota guztietakoak esan nahi dut.

Suedian, berriz, dena da ezberdin, baita kasu honetan ere. Hemen, ni ohartu naizenez, ez da inor perretxikoekin kezkatzen. Ez dituzte biltzen eta, beraz, ez dituzte jaten. Nik ez dakit ia tutik ere ziza eta perretxikoez, baina bakan batzuk ezagutzen ditut. Eta badakit bakan batzu horien artean zeintzuk diren jangarriak eta zeintzuk ez diren ukitu behar. Bada, hemen gure etxean ez Janek ezta Birgittak ere ez zieten kasu zipitzik egiten etxe aurrean bertan eta lakurantz zihoan bidexka ondoko basotxoan, besterik gabe, hazten ziren perretxiko mota askotakoei. Batzuk jangarriak ziren eta hantxe geratzen ziren inork ukitu gabe.

—Hona norbait kamioi handi batekin etorriko balitz Euskal Herritik —pentsatzen nuen ene artean behin eta berriro— negozio ederra egingo likek ezeren truke, dohainik.

Eta baita bestelakoak ere, pozoitsuak zirenak hantxe hazi, heldu eta usteldu arte egon ohi ziren etxe aurreko jardinaren hornigarri. Walt Disneyren filme batetik harturiko irudia ematen zuen, zabaltzen zenuen zure logelako leihoa eta hantxe, aurrealdeko belazean barreiaturik, aurki zenitzakeen hainbat eta hainbat perretxiko, bereziki gainaldea gorrizta dutenak eta han-hemenka pinporta xurixuriak dituzten horietakoak. Egun batean ateratzen zinen paseatzera eta hiru zeuden multzotxo polit bat osatuz, hurrengo egunean lau gehiago, eta hurrengoan beste hiru, baina hauek eder eta lirain azaltzen ziren bezala aurrekoak zimeltzen hasiak ziren ordurako.

Beste gauza bat bazen zeharo harrituta utzi ninduena. Eta hau arrantza kontua zen. Ez nuen jakiterik izan zer gertatzen zen zehazki ehizarekin eta ehiztariekin, baina arrantzarena benetan harrigarria egin zitzaidan. Laku eta ibai guztiak baitzeuden arrainez gainezka eta inor gutxik egiten zien kasu. Esate baterako gure laku ondoan bazegoen txabolatxo bat Jan eta Birgittarena zena. Bertan bi txalupatxo zeuzkaten, bat arraunekin ibiltzekoa eta bigarrena, berriz, atzealdean motore txiki bat erantsita zeukana. Gainera lauzpabost kainabera, sareak, salabardoak, gomazko botak eta antzeko tresneria beti ere edozein arrantzalek erabil ditzakeen gauzak. Ba, behin galdetu nionean Birgittari ea ateratzen ziren lakura arrantza egitera ezetz erantzun zidan, urteak eta urteak zirela arrantza egitera joan gabe. Nik nahi banu hartzeko behar nituen tresna guztiak eta saiatzeko zerbait harrapatzen.

Bada, horixe egin nuen arratsalde hartan.

Etxeratu ginenean, Kultur Centrum-etik bueltan, Birgittak esan zidan handik ordubetera egingo genuela afaria eta bat-batean, lakuari begiratzen nengoela, iruditu zitzaidan ideia bikaina zatekeela, denbora nolabait pasatzearren, kainabera bat hartu eta lakura inguratzea, ea harrapatzen nuen arrainen bat edo beste. Eta horixe egin nuen.

Txabolatxora inguratu nintzen. Handik ia gerriraino iristen zitzaizkidan gomazko bota batzuk jantzi nituen eta zintzilik zeuden kainabera haietatik bat aukeratu nuen, ene ustez berriena zegoen hura. Gero, txabolatik atera, hantxe bertan, inguruan, hasi nintzen txitxareak hartzen. Txitxareak behar bainituen amuan jartzeko. Lurrean zulotxo bat egin nuen eta berehalaxe antzeman nituen halako txitxare lodi-luxeska batzuk. Haietako bat jarri nuenean amuan, uretara inguratu nintzen. Miraria dirudi, baina egiatan esaten dizuet kainabera bota eta txitxarea uretan bainatzen jarri nuenetik minutu bat ere ez zen pasako arrain bat haritik tiraka hasi zitzaidan arte! Bota eta berehalaxe harrapatu nuen arrain bat, gezurra badirudi ere. Perka bat zen, nahiko ederra itxuraz eta tamainaz, eta poliki-poliki eta tentu handiz ekarri nuen niregana eta tirakada bizkor batez atera nuen uretatik. Zortea izan zen, benetan!

Oso pozik inondik ere espero ez nuen ene abildade hura ikusi ondoren eta guztiz hunkiturik berehalaxe ekin nion berriro ere beste txitxare potolo ederra bilatzeari. Jarri nuen amuan behar den bezala eta ostera ere uretara bota nuen kainabera. Ez nuke gezurrik esan nahi eta ez dut esango. Oraingo honetan ez nuen ezer harrapatu lehen minutuan. Sartu-atera behar izan nuen hiruzpalau aldiz kainabera eta beste hainbestetan bainatuarazi nuen txitxare pottoloa. Baina halako batean, berriro ere teink! Eta ostera ere teink! Eta teink!

—Hara, hementxe zetorrek bigarrena —esan nuen ene artean pozaren pozez.

Eta halaxe zen. Bigarren perka ederra hantxe zetorren ederki asko niregana. Oraingo hau, gainera, bestea baino lodixeagoa zen.

Horrela jarraitu nuen arrantzan Birgittak, etxe ataritik, afaltzera etortzeko keinua egin zidan arte. Tartetxo hartan lau arrain harrapatu nituen eta oso pozik etxeratu nintzen. Izan ere, lehen aldia baitzen arrantzale gisa aritzen nintzena eta lehen eguna izateko ez zegoela batere gaizki iritzi nion.

—Oso ongi —onartu zuen Birgittak lau perka haiek ikusi zituenean eta ni harro samar jarri nintzen bere aurrean—. Eta orain zer egin behar duzu horrekin? —galdetu zidan segidan, eta ni, segidan baita ere, zertxobait zapuztu nintzen. Berehalaxe ohartu bainintzen Birgittak ez zuela arrain mota hura jateko ohiturarik eta are gehiago, arrain mota hori jatea bitxikeria edota okerrago agian (nahiz eta berak ez zidan horrelakorik ere aipatu), burgabekeria galanta halako arrainak jaten hastea.

—Niri ez zaizkit arrain horiek gustatzen —aitortu zidan—, baina zu lasai, jan ditzakezu nahi baldin baduzu.

Eta horixe egin nuen. Afaria presto bazegoen ere, momentu batean pare bat perka hartu eta zartagin batean jarri nituen. Gurin pittin batez (Birgittak ez zuen inoiz oliorik erabiltzen sukaldean) eta gatza eta baratxuriaren laguntzaz berehalaxe prestatu nituen aperitibo gisa hartzeko. Egia esan oso goxuak zeuden eta ezin gusturago jan nituen aperitibo gisa. Gainera, nik arrantzatu nituela jakiteak goxotasun berezi bat eransten zion mokadu bakoitzari. Bitartean, Birgittak harridura aurpegiz begiratzen zidan hauxe esango balu bezala:

—Edonork esango luke gaizki ematen diodala jaten gazte honi! Hara orain zer hasi zaigun jaten!

Biharamunean gosaltzen ari ginela, Birgitta eta biok, berriro izan genuen postariaren bisita, goizero bezalaxe ordu horretan gutxi gora-behera. Oraingo honetan etxekoandreak egin zuen gutun, aldizkari, egunkari eta paketeen araketa lana eta esan zidan:

—Tira, pakete bat dago hemen zuretzat!

Eta egia zen, laranja koloreko gutunazal batean bildutako paketetxoa zegoen niretzat. Ez zekarren igorle adierazpenik atzealdean, baina nire izena eta helbidea oso garbi zeuden idatzita aurreko aldean.

Hantxe bertan zabaldu nuen paketea: idazteko tresneriaz egindako kit oso polita zen. Gutunak idazteko setazko orrialdeak, gutunazalak eta plumatxo bat zetozen barruan. Nonbait, igorleak, ni gutunak edonori eta etengabe idazten has nendin nahi izango balu bezala, animatu egiten ninduen idazle bilaka nendin.

—Oso joku polita da —onartu zuen Birgittak—. Orain badakizu zer egin behar duzun, gutunak idazten eta bidaltzen hasi —animatu ninduen berak ere idazle bihur nendin.

—Eta zer egingo dut beste pakete horrekin? —galdetu nion.

Izan ere, ordurako esplikatu bainion zer gertatu zitzaidan pakete harekin. Eta erakutsi ere bai, Birgittari eman nion koadrotxo hura ikus zezan. Begiratu bat egin behin, beste begiratu bat egin berriro eta harridura aurpegi handiz —baina ezer gehiago esan gabe— bueltatu zidan opari bitxi hura.

—Zer egingo duzun? —errepikatu zuen gosaria amaitu ondoren katiluak eta trasteak biltzen ari ginen bitartean—. Ba, oso erraza, nahi duzuna egin dezakezu. Azken finean, zuri bidali dizute opari hori, ezta? Orduan zuk nahi duzuna egin dezakezu.

Goiz hartan kalera atera nintzen buelta bat emateko asmoz. Gosaldu ondoren, logelako ohea egin eta beste gauzak txukundu ondoren, bizikleta hartu nuen eta paseo bat emateko intentzioz atera nintzen. Hasieran noraezean ibili nintzen batera eta bestera auzoa hobeto ezagutzearren. Aintzirari ere jira osoa egin nion eta berriro beste buelta bat eman nuen auzotik, beti ere, disimulo handiz, bizpahiru aldiz Ingriden etxe aurretik pasatuz, ea horrela, eta kasualitate on batez, bera ikusteko aukera izaten nuen. Baina, ez. Suerte hori behintzat ez nuen izan goiz hartan. Etxe aurretik pasatzen nintzen bakoitzean ematen zuen inor ez zela bizi bertan, etxe hura hutsik zegoela.

Hiribide batetik aurrera jarraitu nuen. Muinotxo bat igo ondoren beherantz zihoan errepidea, aldapa behera dexente koxkortzen zelarik, laku handi bateraino zihoana. Laku hau benetan zen erraldoia, hiri hark zeukan handiena eta aurrera begiratuz gero, edota alde batera zein bestera, ez zitzaion amaierarik antzematen. Honekin zera esan nahi dut, laku haren luze-zabalera benetan zela handia. Handik ezkerrerantz jo nuen eta bostehun bat metro egin ondoren ohartu nintzen, bat-batean, Hiriko Polikiroldegiaren aurrean nengoela.

Bizikleta aparkatu nuen edifizioaren aurrean (hemen esan beharra dago, Suedian leku guztietan daudela bizikletak uzteko lekuak edo aparkalekuak, eta kotxeei beste garrantzia ematen dietela hemen bizikletei, eta bizikleten gainean doazenei), eta barrura sartu nintzen. Izan ere, Polikiroldegia ikusi bezain aguro ohartu bainintzen Svenek esan zidanarekin. Alegia, goizero edo ia goizero etortzen zela bertako gimnasiora entrenatzera eta ariketak egitera eta gogoan dut nik galdetu niola ea asko ordaindu behar zen bertara joateko. Eta berak ezetz erantzun zidan barrezka, den-dena, hots, zerbitzu guztiak dohainik zirela, ez zela xentimurik ere ordaindu behar.

Oso edifizio modernoa zen bai kanpotik nola barrutik ikusita ere. Dena zen burdinezko eta kristalezko eta den-dena zegoen ezin txukun eta garbiago. Sarrerako aretoa edo hall deiturikoa oso handia zen baita ere, eta bertan zegoen kafetegia eta restaurant txiki dotore bat. Segidan, hainbeste pasilu eta pasabide hasten zen bakoitzak bere norabidea idatzita zeukala horman, esplikatuz nondik jo behar zen saunara edo gimnasiora edo muskulazio gelara iristeko. Ni, sarrerako aretoan bueltatxo bat egin ondoren, zuzenean abiatu nintzen gimnasio jartzen zuen lekurantz. Bertaratu eta ohartu nintzen ateak zabalik zeudela eta gimnasio hura izugarri handia zela, sarrerako aretoa baino handiagoa kasik. Sartu eta bi zatitan zegoen banatua: ezkerreko aldea gimnasioa zen benetan, eta eskubi aldekoa boxeo gela. Hemen ring bat zegoen erdian kokaturik eta han-hemenka eta sapaitik zintzilika, beheraino jaitsiz, hainbeste punch-ball tamaina ezberdinetakoak non boxeolari gazteak ikus zitezkeen beren punch edo kolpe ariketak egiten. Ni sartu nintzen une hartan, aldiz, ez zegoen inor ring haren gainean.

Gimnasioa, berriz, jendez beteta zegoen. Batzuk lurrean etzanda, besteak nor bere aparailuan jarrita, ez dakit nik nolako ariketa bitxiak egiten, beste batzuk deskantsatzen eta horrela, jende multzoa osatu arte.

Inguratu egin nintzen.

—Kaixo! —esan nien. Hiru mutil zeuden zurezko eserleku luze batean eserita, hormaren kontra, izerdia botatzen. Batek lepotik zintzilika zuen toalla. Haietako beste bat Sven zen.

—Kaixo! —berriro esan nion oraingoan gehixeago inguratuz.

—Tira, hara nor dagoen hemen! —esan zuen ozenki—. Hau Risky da eta hauek Markus eta Sam Jo —aurkezpen azkarrak egin zituen aulkitik mugitu gabe. Besteak ere ez ziren bertatik higitu—. Euskalerritik etorri da —gehitu zuen— denboraldi bat hemen pasatzeko asmoz.

Beste bi mutil haiek ez ziren gehiegi aztoratu albiste honekin. Hantxe jarraitu zuten mugitzeke eta izerdia atereaz.

—Zer, kirol pixkat egitera etorri al zara? —galdetu zidan segidan Svenek.

—Ez, ez —moztu nion aguro—. Bueltatxo bat ari nintzen ematen bizikletaz eta hemendik pasatzean ba, sartu egin naiz besterik gabe.

—Tira, mutilak —Sam Jo deitzen zena zutitu egin zen orduan eta nire ondotik pasatu zen— beste saio bat egin behar dugu oraindik.

—Beno, agur —esan zidan Svenek orduan. Bera eta Markus hura zutitu eta Sam Joren atzetik abiatu ziren. Pisuak eta muskulazio aparailuak zeuden guneraino joan ziren. Ni hantxe geratu nintzen bakarrik, bazter hartan, zer egin ez nekiela. Haiek aparailuekin hasi ziren ariketa pisuak eta, niretzat, oso astunak egiten eta bertatik alde egitea erabaki nuen orduan.

Sarrerako areto nagusira atera nintzen. Kafetegian zeuden mahai batzuk terrasse txiki bat osatuz eta harantz jo nuen. Freskagarri bat eskatu nuen eta haietako mahaitxo bat aukeratu nuen. Plastikozko aulkiak zeuzkan inguruan eta mahaiaren erdian sonbrila modukoa guardasol erraldoia osatuz. Nahiko kurtsia eta erridikulo samarra leku itxi batean —beraz, eguzki edo euririk gabeko batean— jartzeko, baina hala ere mahai guztiak zeudela hartuta, nirea ezik, konturatu nintzen.

Hogei bat minutu edo ordu laurden inguru egongo nintzen leku hartan ene freskagarria amaitu arte. Gero etxera joatea erabaki nuen. Atera eta nire bizikleta zegoen aparkalekurantz abiatu nintzen. Ate nagusien ondoan, alde batera eta bestera jarrita eta hormaren kontra itsatsita, eserleku luze batzuk zeuden. Ni hasieran ez nintzen konturatu, baina bizikletara igotzeko jira egin nuenean orduan ikusi nuen. Bera ere lehen momentuan ez zen nitaz ohartu baina bizikleta zegoen lekuan berriz utzi eta harengana abiatu nintzenean orduan bai, orduan ikusi ninduen eta eskua altxatu zuen.

Marja zen eta bakarrik zegoen hantxe eserita.

—Kaixo, Marja —esan nion.

Berak burua makurtu zuen aurpegi alai eta irribartsuz.

—Zer, zu ere kirola egitera etortzen al zara hona? —galdetu nion zerbait galdetzearren.

Oraingoan alde batera eta bestera mugitu zidan burua, ezezkoa erantzunez bezala. Gainera, berriz ere irribartsu, eskubiko besoa luzatu zidan ezkerreko eskuaz bicepsa ukitzen zuenarekin batera, horrela erakutsi nahi zidan umorez ezetz, nik egiazta nezakeenez berak ez zuela kirolzaleek izan ohi duten giharreria bikaina.

—Eta zuk zer, zer egiten duzu hemen? —horixe galdetu nahi izan zidan behatza luzatu eta niregana seinalatu zuenean.

—Ba, nik ezer ez. Ni ere ez naiz etorri hona muskulazioa egitera, paseotxo bat ematera baizik. Buelta bat eman eta gero freskagarri bat edan dut. Orain etxe aldera noa.

—Bada nik itxoin egin behar dut —esan zidan keinuz eta eskumuturrean zeraman erlojuari seinalatuz. Gero segidan, erpurua atzerantz eraman zuen polikiroldegia seinalatuz. Orduan aurpegira begiratu eta uste dut "Sven" esan zidala ahoz, ezpainak mugituz. Horixe iruditu zitzaidan, baina ezin esan seguru hori edo beste zerbait esan nahi izan zuen.

Orduan hantxe geratu ginen biok, zurezko eserleku luze hartan eserita, elkarri ezer esan gabe beste hamar bat minutuz edo. Azkenean despedida azkarra egin genuen, elkarri muxu pare bat emanez. Despedida azkarra bezain isila elkarri ezer esan gabe. Esku altxatze soil bat izan zen agurra.

—Gero arte —esan nion orduan eta ene bizikletaren bila abiatu nintzen. Baina berehalaxe konturatu nintzen Marjak esandakoa zer izan zen: Sven. Izan ere, aparkaleku nagusitik pasatu nintzenean, kotxeak aparkatuta zeuden lekutik esan nahi dut, orduantxe ikusi bainuen hantxe Volvo urdin handi bat, nahiko berria eta STR 8512 AX matrikula zeukana.

Bere autoa zen, bai. Eta aldamenean beste kotxe bat zegoen, hau handiagoa oraindik: land-rover moduko bat, gorri kolorekoa! Harritu egin nintzen hasieran. Horrek ordea ez ninduen erabat tontotu. Despistatuarena eginez, aparkaleku nagusi hura utzi baino lehen beste bueltatxo bat eman nuen kotxeen artean, nahi gabe bezala, eta berriro pasatu nintzen land-rover gorriaren ondotik oraingoan hobeto begiratuz barrurantz. Atzealdean mihiseak zeuden, pintatu gabeak artean, eta baita hainbeste marko, tamaina ezberdinetakoak, koadroei jartzeko. Batzuk marroiak ziren, egur kolorekoak bereziki, eta beste batzuk purpurina kolorekoak.

—Hara, bai sorpresa ederra! —atera zitzaidan besterik gabe—. Ez nuen espero horrelakorik, benetan.

Bizikletari abiadura handiagoa ezarriz, alde egin nuen handik, berriro ere Marja zegoen lekurantz begiratuz. Eskua ostera ere altxatu nuen hari beste azken agur bat gehiago ematearren eta ia-ia konturatu gabe kolpe ederra hartu nuen furgoneta baten kontra. Eskerrak aguro alderatu nuen bizikleta, bestela irentsiko nuen kristalen bat edo beste dudarik gabe.

—Horrek zera esan nahi dik —nion ene artean gerorago bidegorritik bizikletaz etxerako bidean nindoala—. Azkenean ezagutu egin ditudala gure aldameneko etxe misteriotsuko bizilagunak!

Suedian etxe guztiek badute horrelakorik. Esan nahi dut, etxe ondoan lorategi edo belaze edota jardina daukaten guztiek dutela horrelakorik. Haiek "udako etxea" deitzen diote eta horixe da benetan eman ohi dioten erabilpena. Udan soilik erabiltzen baitute, hots, urtean hilabete eskas bat luze jota.

Gure etxean, ate nagusitik atera eta eskubirantz zegoen, bazter batean, udako etxea, den-dena eta goitik beheraino zurez egina. Ipuinetan azaldu ohi diren etxetxoa zirudien egiatan eta niri, ikusi nuen lehen egunean, ametsetan ari nintzela iruditu zitzaidan. Iritsi nintzen eta hauxe ikusi bainuen: udako etxe marabiliosoa belaze handi-eder batean jarrita, han-hemenka perretxiko mordoa (nahiz eta amanita asko egon eta jangarriak ez izan, bistarako behintzat guztiz ikusgarriak direnik ezin uka) eta haruntzaxeago laku bat ur ezin urdinagoaz gainezka. Soilik nanotxoak azaltzea falta zela iruditu zitzaidan edota troll bat edo beste nahiko haserre beti bezala...

Udako etxea udan erabiltzen da esan dizuedanez baina prestaturik edozein unetarako daukate dena prestatua. Sartu barrura eta han ikusiko duzu behar den guztia: sukaldea, oheak, mahai eta aulkiak, ura eta argindarra... denetik dago han barruan gauza aski inportante bat ezik. Zer den hori?

Ba, bai. Ederki, berehalaxe asmatu duzue eta. Komuna. Horixe da han barruan falta den gauza inportante bakarra. Baina beraiei ez zaie batere inportik. Eta beraz, beraiei ez bazaie inportik ezta niri ere.

Eta orain norbaitek galdetuko dit ea, ez badute komunik barruan, nola moldatzen diren egin behar direnak egiteko edozein momentutan. Ba, aizu, oso galdera ederra eta garrantzizkoa egin didazu.

Hara, etxe aurreko belaze edo jardinaren bestaldean juxtu badago beste txabolatxoa. Hau udako etxearekin gonparatuz askozaz txikiagoa da: metro t´erdi izango du luzeran eta beste hainbeste zabaleran, eta bi metro eskas altueran. Den-dena da zurez egina eta behin barruratu ezkero ez duzu lekurik mugitzeko. Hara barrura sartu eta kieto. Hori bai, ohol bat daukazu esertzeko eta ohol horrek erdialdean zulo nahiko zabala erakusten du. Bai, asmatu duzu orain ere: hantxe eseritzen da bat eta lasai aski egiten du egin beharrekoa une bakoitzean bai txiza nola kaka ere (hori kakagurea baldin baduzu). Ni, asmakizun bitxi hau ikusi nuen lehen unean, zerbaitek harritu ninduen bereziki: barruratu naizen bakoitzean inoiz ez dudala kakausainik edo usain txarrik sumatu, ezta pixaren kiratsik ere. Inoiz ere ez. Eta euliak, ezta bakar bat ere. Inoiz ere ez dut bakarren batekin topo egin han barruan egon naizenean. Egia esan, ez dakit nola lortzen duten hori, agian hantxe barruan zintzilika jarrita dituzten urki hostoei (edo agian nik ezagutzen ez dudan beste zuhaitz baten hostoei) esker izan daiteke.

Oso bitxia izan ohi da, udako gau eder baten erdian, ikustea norbait udako etxetxotik korrika ateratzen, pixama soil batez edo agian biluzik, eta belazea zeharkatu ondoren beste txabolatxoan sartzea bere eginbeharrak betetzearren eta geroxeago, handik gutxira, berriro ere ikustea nola bueltatzen den lotara, oraingo honetan askozaz lasaiago eta korrika aritu gabe, ostera ere belazea edo jardina gurutzatzen duelarik pixama soil batez edo agian biluzik ilargiaren argipean.

Lehen esan dudan bezala Suedian etxe askok eta askok zeukaten halako sistema, egia esateko hirigunetik zertxobait aldenduta zeuden ia etxe guztiek. Baita Ingriden etxeak ere. Kasu honetan ez zen errepidetik ikusten, atzealdean zeudelako bai udako etxea nola komuna zeukan txabolatxoa ere. Pentsatzen jarrita gure etxekoen kasua askoz okerragoa zen edo barregarriagoa nahi baduzue. Eskerrak gauaren erdian ez dela trafiko gehiegirik izaten errepideetan eta ezta oinezko askorik batera eta bestera paseatzen, bestela panorama ederra aurkituko zuten, bat-batean, gure etxe aurretik pasatzerakoan eta ikustean norbait, pixama soil batez jantzita edo agian biluzik, korrika belazea zeharkatzen komunaren bila zihoala.

Halaxe nenbilen ni une hartan, komunaren bila ez korrika —jende asko baitzegoen bertan eta ez nuen erridikulorik egin nahi—, baina bai arin samar. Ingriden etxean geunden bere urtebetetzeko festan eta une batez txizagurea jarri zitzaidan. Eguraldi nahiko ona egiten zuen eta jardinean geunden, etxeko atzealdean.

—Aizu, ba al dakizu non dagoen hemen komuna? —galdetu nion ezagutzen ez nuen eta nire adinekoa izan zitekeen mutil bati.

—Zuhaitz haien atzean —esan zidan serio-serio. Aurrena adarra jotzen zidala uste izan nuen, zuhaitz haietarantz begiratu eta ez baitzen txabola arrastorik antzematen.

—Benetan? —galdetu nion.

—Bai, bai, hantxe dago, ez baldin bada mugitu —erantzun zidan.

—Eutsiko al diozu honi une batez, mesedez —galdetu nion segidan eta berak baiezkoa eman zidanean, eskuan utzi nion ene edalontzia. Norbait ari zen gure artean pasatzen eta pontxez betetzen edozeinen edalontzia. Eta hori eman nion ezezagun hari, ene pontxea. Pontxe bitxia zen ene gustorako. Ez zitzaidan gehiegi gustatzen eta milioi bat pezeta (edo hobeto oraindik, milioi bat koroa suediar) emango bazenidate ere ez nuke jakingo esaten, inondik ere, zein osagairekin zegoen eginda pontxe bitxi hura.

Gauza da, pontxeaz libratu ondoren, komunaren bila abiatu nintzela. Egia zen, txizagure itzelaz nengoen eta ezin nuen kasik gehiago aguantatu. Egia zen, zuhaitz haien atzean eta ederki aski babestua, hain ederki non hiru metro lehenago ere ezin baitzen antzeman, zegoen nik bilatzen nuen komuna. Okerrena zera izan zen ordea, ez nuela nik bakarrik bilatzen. Okupatuta zegoen komuna une hartan eta nire aurretik, txanda gordetzen, beste hiru pertsona zeuden, bi mutil eta neska bat. Atzera egin nuen berriro.

Jende artean, ordea, ezin izan nuen aurkitu ene edalontzia zeukan mutila. Berdin zion. Aurrena txizagurearena konpondu behar nuen. Etxera ez sartzeagatik —nik nekiela gutxienez bi komun zeuden etxe hartan, bata behean, sarrera ondoan, eta bigarrena goiko pisuan— jardinaren bestalderaino joan nintzen. Udako etxeraino inguratu eta bere atzealdean, inork ikusten ez ninduen lekuan, egin nuen lasai aski eta ezin gustorago egin behar nuena.

Ingriden eguna zen. Bezperan, arratsaldean, etorri zen etxera esatera noiz eta non izango zen urtebetetzeko festa. Bizikletek egindako harritxintxarren hotsa entzun nuen leihotik eta Ingrid ikusi nuen zetorrela, Sven eta Marjarekin batera. Hirurak zetozen bizikletaz eta Ingridek esan zidanez hurrengo egunerako ari ziren dena prestatzen bere etxean. Horregatik berehalaxe alde egin zuten handik, ene gogoan gusto goxo-mikatz nahastua utziz.

Orain udako etxearen atzealdean pixa egiten ari nintzela pentsatu nuen oso jende gutxi egiten zitzaidala, nahiz eta jende ugari inguratu festara, ezagun eta ia inor ez nuela bertan ezagutzen. Eta ia guztiak zirela nahiko gazteak, gure adinekoak. Ez zegoen adinean aurreratutako jenderik. Ingriden ama ere ez baitzegoen etxean. Festaz guk hobeto eta libreago gozatzearren hirigunera alde egin zuela gauerarte esan zidaten. Beraz, nolabait esatearren, Ingrid zen etxe hartan agintzen zuena bere urtebetetze festa amaitu arte behintzat.

Atera nintzen nire ezkutalekutik eta berriro ere jende artean murgildu nintzen. Ohartu baino lehen beste pontxe kopa bat eskuan neukala ikusi nuen, norbaitek emanda, eta ezin izan nuen ezetz esan. Jardinera ematen zuten leihoak zabalduta zeuden eta horrela, saloian zegoen aparailutik ezin ozenkiago jarrita, entzun zitekeen jardinean musika. Värttina taldearen azken diska jarria zuten —nik hain ederki ezagutzen nuena hain zuzen— eta batzuk dantza egiten hasiak ziren.

Mahai bat zegoen jardinean jarrita, janariz eta edariz ederki aski hornitua, eta beste bat barruan, saloian. Gehien bat sandwichez beteriko azpilak zeuden, mota askotakoak eta gero tartak eta pastelak. Mahai gainean zeuden janari asko eta asko ezagutzen nituen: azeitunak, antxoak eta antxoilak, atuna, gazta, menbriloa... Baita goxojakiak ere: sagar-tarta, flan-pudinak, yogurrak... Baina jendeari gehien gustatzen zitzaion tarta mota ezin esan zein osagarriz zegoen egina. Spettecake deitzen ziotela hori bai, gogoan geratu baitzait izen hori.

—Eta zer zen hura? Zertan ari ziren haiek?

Etxetik kanpo eta lorategiaren bazter batean, udako etxetik nahiko gertu, jende talde bat zegoela ikusi nuen. Aulki batzuetan zirkulu bat osatuz zeuden eserita eta erdian mahaitxo tolesgarri horietako bat zuten eraikia. Denak ari ziren zerbait jaten, isilik, eta aldika botila arraro batetik edalontzi txiki batzuetara zerbitzatutakoa edaten gogotik.

—Zertan ari dira horiek, Pelle?

Pelle zen nirekin hizketan ari zen mutikoaren izena. Ni bezain despistaturik zegoen festa hartan, bakar-bakarrik nonbait, eta elkarrekin ari ginen denbora ematen jendeari begira.

—Horiek "ez-dakit-zer-badakit-zer" ari dira jaten —esan zidan suedieraz izen ezin arraroagoa emanez.

—Baina zer da hori? —garbiago jakin nahi izan nuen.

—Ba, hori... nolaz esango nizuke? —pentsati itxura jarri zitzaion aurpegian—. Ba, "arrain ustela" dela esango genuke.

—Arrain ustela? —nik errepikatu nion zeharo harrituta.

—Bai, arrain ustela edota, hobeto esanda, arrain usteldua.

—...? ...? —ez nion ezer esan baina Pelle nire aurpegia ikusi orduko ohartu zen harriduraren ikur itxura hartzen zuela.

—Ba, bai. Aspaldiko ohitura da. Gure aitonen aitonen aitonen aitonengandik datorren aspaldiko ohitura. Urtean behin egiten da familia guztietan eta halako usain txarra, ustela eta kirastua, uzten du jaki horrek non etxetik kanpoan egiten den otordu hori. Eta ez pentsa, ez bakarrik kanpoan uzten duen kiratsa da jasanezina, baita norberaren barrualdean utzitakoa ere. Zuk probatzen baduzu arrain mota hori kontu egin ezazu bizpahiru egunetan usain txarrez ibiliko zarela bai goitik nola behetik ere...

Eta orain farre egiten zidan Pellek usain txarren kontu hori aipatzen zidala nire nazka aurpegia ikusi ondoren.

—Bai, usteltzen uzten da arrain mota hori —jarraitu zuen bere azalpenarekin— eta behin gainditzen baduzu hasierako nazka hori, seguru nago zeuri ere gustatu egingo zaizula. Jakina, ez da egunero jaten hastekoa. Esan bezala, izugarri fuertea baita jaki mota hori. Horrexegatik jatearekin batera edari sendo xamar batez lagundu behar zaio otordu horri.

—Eta zer ari dira ba edaten? —jakin nahi izan nuen.

—Akuabit, edari alkoholdun oso fuertea. Hala izan behar, nahitanahiez, zapore sendo hori estaltzearren.

Une batez isilik geratu zen niri begira eta segidan hauxe galdetu zidan:

—Nahi al duzu arrain ustel pittin bat dastatu?

—Ez, ez. Eskerrik asko —erantzun nion—. Nahiko lan badut honekin —eta eskuan neukan pontxea erakutsi nion.

—Hori ura da akuabit harekin gonparatzen baduzu, hori ez da ezer.

Pelle hantxe bertan bizi zen, hurrengo etxean berak esan zidanez.

—Hara, hura da nire logelako leihoa —eta eskuaz seinalatu zidan gu geunden tokitik ikusten zen leiho bat. Bizilagunak ziren, beraz, Ingrid eta bera, baina azkenaldian ez omen zen bertan bizi. Pellek esan zidanez, albaitaritza ikasketak ari zen egiten Stockholm-en eta orain egun batzuk ari zen etxean pasatzen oporrak zirela eta. Horregatik gonbidatu omen zuen Ingridek festara, baina berak, nik bezalaxe, inor gutxi ezagutzen zuen.

—Ez zait inportik inor ez ezagutzea —aitortu zidan Pellek—. Laster alde egingo baitut hemendik. Berehalaxe, oporrak amaitu eta hurrengo astean, ditut azterketak eta ikasi beharra daukat. Papagaio bat oparitu diot Ingridi, ez dakit gustatuko zaion. Zuk zerbait oparitu al diozu?

—Bai. Koadro bat egin diot opari —erantzun nion.

—Ez dago gaizki.

—Ez. Olio bat da, ez oso handia, baina bai nahiko ederra ene ustez.

Postariaren edo norbaiten oker bati esker ene eskuetara iritsi zen koadro hura bera oparituko niola —zerbait eman behar eta— Ingridi bururatu zitzaidan halako batean. Izan ere, Birgittari kontatu nionean zer gertatu zen koadro harekin, nola nahastu zen norbait eta nola ez zegoen jakiterik norena zen, esan zidan neronek gordetzeko. Eta hori egin nuen, ene logelan eduki nuen bere laranja koloreko gutunazaletik atera gabe. Ez dakit zergatik, baina ez nuen agerian utzi nahi, ez nuen ene begien aurrean ikusi nahi, agian banekielako ez zela nirea, ez nuela nik erosi eta ez zidala inork propio oparitu. Orduan eta bat-batean bururatu zitzaidan zer egin behar nuen margo harekin. Urtebetetze festara gonbidatu ninduenean pentsatu nuen hoberena berari oparitzea izango zela. Eta horixe egin nuen.

—Zorionak Ingrid eta urte askotan —esan nion ailegatu nintzenean eta muxu pare bat eman nion—. Tori, zuretzat da oparitxo hau.

—Mila esker, Risky —erantzun zidan Ingridek oso pozik eta irribartsu. Oparia biltzeko papera kendu eta begiratu bat egin zion margoari—. Oso polita da. Mila esker berriro.

Jende gehiago ari zen ailegatzen eta sarrerako pasilutxoan zegoen mahai baten gainean utzi zuen nire oparia. Bertan opari gehiago zeuden aurretik iritsitakoek ekarriak. Marja ordurako Ingridekin zegoen eta ez nuen jakiterik izan honek egindako oparia. Baina bai Svenena. Hau beranduxeago iritsi zenez, konpakt-disk kaxatxo bat eman ziola ikusi nuen, bi edo hiru alez osatutako kaxatxoa. Baina ezin izan nuen jakin zein abeslari edo talderena zen.

Orduan zerbait arraroa sumatu nuen. Ez nuke jakingo ongi esplikatzen zergatik egin zitzaidan hura bitxi samarra, baina egia da hala hartu nuela. Beste batzuen artean Ingridek Pelle bere aldameneko bizilagunaren aurkezpena egiten zidan bitartean, Sven ikusi nuen opariak pilatuta zeuden mahaira inguratzen. Nik oparitutako koadroa ari zen tinko begiratzen, behin eta berriz, zerbaitek izugarri harrituko balu bezalaxe. Gero eta gehiago inguratzen zen, gertuagotik ikustearren nonbait, eta halako batean bi eskuekin hartuta aurre-aurreraino inguratu zuen koadroa bere begiekin mikroskopioz zerbait arakatzen den bezalaxe arituko bailitzan. Aurpegian harridura trazak bere horretantxe jarraitzen zuen. Horrela segundu batzuez egon zen. Segidan koadroa mahai gainean utzi eta saloira sartzen zela konturatu nintzen. Ni ere erdi-arrastaka eta besotik helduta eraman ninduten Marjak eta Ingridek sukalderantz beste zenbait jende berri aurkeztearren eta horrela, momentuz behintzat, galdu egin nuen Svenen arrastoa.

—Dantzarik nahi? —galdetu zidan norbaitek atzetik, eskua nire besoan jarriz.

Jira egin eta ezagutzen ez nuen neska bat —ni baino altuxeagoa, beltzarana, ile motz eta aurpegi luzeska— ikusi nuen ene aurrean. Irribartsu azaldu zitzaidan.

—Bai —erantzun nion ez komentzimendu gehiegiz.

—Zure izena —galdetu zidan galdera egin gabe.

—Risky. Eta zurea? —galdera egin nion.

—Annie E. —erantzun zidan edo horixe ulertu nion nik behintzat.

—Annie E.? —nik harrituta.

—Bai —berak batere harridurarik gabe—. Pentsatu dut zuk pieza hau oso ongi jakingo zenuela dantzatzen.

—Ba ez duzu asmatu, ez dakit pieza hau ongi dantzatzen eta.

Tango bat zen musika pieza hura. Egia esan, gorroto ditut biziki tangoak, ez zaizkit batere gustatzen eta areago esango dut, depresio itzel batera eramaten naute berehalaxe. Bi tango segidan entzuten baditut, segituan deprimitzen hasten naiz. Baina ez nion horrelakorik esan Annie E. hari.

—Nongoa zara, ba? —gehiago jakin nahi izan zuen Annie E.-k.

—Ni? Euskalduna naiz.

—Aaa! —erantzun zuen besterik gabe. Nonbait zaila egiten zitzaion edota ez zekien nola uztartu tangoa eta euskalduna izatea.

—Tangoak Argentinatik datoz —lagundu nahi izan nion.

—Bai, bai. Badakit —eta isilik egon zen unetxo batez. Eta segidan esan zidan:

—Beste norbaitek erakutsi beharko dit orduan tangoa ongi dantzatzen.

—Bai. Hori seguru.

Munduko tangorik luzeena egin zitzaidan pieza hura. Ez nuen antzematen noiz amaituko zen pieza amaiezin hura. Pentsatu nuen, baita ere, ez ote zen amaiarik gabeko diska hondatu horietako bat eta hala izanda, ez ote nuen arratsalde eta gau guztian gelditu gabe dantzatzen aritu beharko.

Halako batean amaitu egin zen tango hura.

—Gero arte, Risky —esan zidan Annie E.-k eta ni baino altuago zenez gero kopetan eman zidan muxu. Eta nire aurretik desagertu zen.

—Gero arte —erantzun nion, baina ordurako jira egin eta abiatua zen.

Harat-honat hasi nintzen bueltak ematen. Orain musika oso ozen zegoen jarrita eta horrek gezurrezko irudipena eman zidan, alegia, zailago zela basoa osatzen zuen jende-multzo haren erditik mugitzea. Norbaitek pontxe erdalontzi bat eskaini zidan eta hantxe bertan trago luzeska egin behar izan nuen, eskerrak emango banizkio bezala. Gero, jardineko beste muturrerantz abiatu nintzen. Eta han, ostera ere topo egin nuen Pellerekin. Asko estudiatu behar zuen, baina artean hantxe zegoen —berak ere edalontzi bat pontxe eskuan zeramala— etxera erretiratu gabe.

—Zer, zer moduz? —galdetu nion elkartu ginenean.

—Festa hau aspergarri samarra da, baina pontxea ezin hobea dago.

Isildu egin nintzen. Isildu, nire iritzirako guztiz kontrakoa zelako dena: festa hura ez zegoen batere gaizki eta pontxea zen oso gustokoa ez nuena.

—Ez dakit zer jarri dioten gaurkoan, baina benetan zoragarria dago —eta edalontzia goratuz trago batez hustu zuen geratzen zitzaion pontxe apurra.

Nik ere kontra ez egitearren beste tragoxkada bat egin nion ene edalontziari. Egia esan, edan bai edan zitekeen pontxe hura baina ez dakit, fuerte samarra edo zapore bitxi bat zeukan ene gustorako.

Gauza da pontxearen eraginez —bazegoen besterik edateko: ura, esnea, freskagarriak, kafea, tea, etabar... baina ia guztiak pontxe hura ari ziren ezin gustorago edaten— jendea gero eta alaiago ikus zitekeela, kantuan, dantzan, irribartsu eta umore onez... Buila ere gero eta handiagoa zen, jendeak altuago hitz egiten zuelako eta horregatik musika gero eta ozenago jartzen zutelako, eta musika ozenago zegoenez jendeak buila handiagoz hitz egin beharra zuen...

Reggae txanda zen oraingoan. Talde askoren musika ari ziren jartzen bereziki Jamaikakoenak.

"I can't help falling in love with you"

Hori zion talde hartako abeslariak behin eta berriz leloa errepikatuz.

—Izugarri gustatzen zait talde hau —esan zidan orduan Pellek—. UB-40 deitzen da.

—Badakit —erantzun nion. Eta egia zen. Neuk ere ezagutzen bainuen talde hura. Eta baita kanta hura ere. Izan ere, gure aitak etxean zeukan aspaldiko diska batean zetorren eta gainera, Elvis Presley, "The King", abeslari estatubatuarrak abesten zuen.

—Hara, bi hauek dira festa honetan dauden mutilik zozoenetakoak eta aspertuenak —esan zigun bat-batean gure aurrean jarri zen neska batek—. Dantzarik nahi?

Elkarri begiratu eta baiezkoa egin genuen. Bi neska ziren gure aurrean zeudenak, eta bistaz ere ezagutzen ez nituenak. Laurok hasi ginen reggae pieza hura soltean dantzatzen zirkulutxo bat osatuz, bakoitzak bere edalontzia eskuan zeukalarik.

—Izenak —galdetu zigun haietako batek. Bi neska haiek ahizpak ziruditen: altuera antzekoa, ile kolore eta mozkera antzekoa, biek zeramaten minifalda gorria eta biek belarrietatik zintzilik belarritako igualak, zilarrezko ematen zuten armiarma parea.

—Pelle eta Risky —erantzun nion. Pellek dantza egiten zuen, begiak itxita eta neskei kasu handiegirik egin gabe.

—Zuenak —galdetu nion nik segidan.

—Karen eta Asta —erantzun zidan beste neskak lagunari aurrea hartuz.

—Eta zer zarete, ahizpak ala?

—Ez. Eta zuek zer, lehengusuak ala?

—Ezta.

Horrela jarraitu genuen dantza egiten, eta bakoitzak gorputza mugitzen ahal zuen eran, pieza hura amaitu zen arte.

—Hau egarria —esan zion Astak Kareni. Eta segidan guri begiratuz—: Edalontziak betetzera goaz.

Eta neska haiek ere gure aurretik desagertu eta galdu egin ziren jende artean.

—Neska txotxoloak —izan zen Pelleren aipamen bakarra haiek desagertu zirenean. Eta segidan—: Egia da, hau egarria. Goazen edalontziak betetzera.

Saloira sartu ginen. Hemen ere jendea zegoen erruz, gehienak han-hemenka eserita lurrean edota edozein eserlekutan. Pellek puntaraino bete zuen pontxez bere edalontzia eta ondoren gauza bera egin zuen nirearekin. Hantxe ikusi nuen orduan Ingrid. Sofa batean zegoen eserita beste lagun batzuekin batera. Hizketan ari ziren oso animaturik eta gustora. Ez nituen ezagutzen berarekin zeudenak. Berriz ere jardinera ateratzerakoan

Ingridek ikusi ninduen, eta eskuaz agur egin zidan. Nik ere modu berean agurtu nuen.

Jardinera atera ginen Pelle eta biok. Erritmo azkarreko musikak jarraitzen zuen lehen bezala. Ikusten zen garbi aski Pellek ez zuela dantza gehiago egiteko gogorik. Trago handi batez ia erdiraino hustu zuen pontxe edalontzia.

—Uste dut gaur ez duzula askorik estudiatuko —esan nion zerbait esatearren.

—Ikusiko dugu —erantzun zidan eta anteajuak hobeto jarri zituen sudur gainetik—. Dena dela agudo alde egingo dut hemendik etxera.

Hainbeste pontxe edan ondoren berriro jarria zitzaidan txizagurea.

—Komunera noa —abisatu nion Pelleri.

Bidean aurkitu nuen mahai ondotik pasatu nintzela aprobetxatuz nire edalontzia utzi nuen. Zuhaitz artetik ezkutuan zegoen egurrezko txabalora iritsi nintzen. Oraingoan suertea izan nuen, izan ere bat besterik ez baitzegoen txanda egiten.

—Futsi egiozu une batez edalontzi honi, mesedez —eskatu zidan aurrean neukanak barrura sartzeko txanda iritsi zitzaionean.

Amaitu nuenean jardinera itzuli nintzen berriz ere. Orain panorama erabat zegoen aldatuta.

Reggae eta erritmo biziko musikaren ordez pieza erromantikoak edo betiko standarrak ari ziren ematen. Bikoteak ari ziren dantzan, elkarri estuki lotuta, jardinaren erdian eta beste guztiak begira, hizketan edota edaten, zeuden. Halaz ere jende gutxiago zegoela iruditu zitzaidan. Nonbait hasiak ziren batzuk alde egiten.

Pelle ezin nuen aurkitu. Ez zen dantzan ari eta ezin nezakeen aurkitu jende artean. Seguraski berak ere etxera alde egingo zuela erabaki nuen. Honek bazuela alde ona pentsatu nuen. Pellerik gabe ez bainengoen behartuta hainbeste pontxe hain denbora gutxian edatera. Bere ondoan etengabe betetzen edo betearazten baitzidan edalontzia eta orain banuen deskantsu pixkat hartzeko mugona.

Dena dela, posible zen Pelle saloiraino inguratu izana pontxe gehiagoren bila eta badaezpada ere ez nintzen bertara inguratu. Beste bueltatxo bat hasi nintzen jardin inguruan ematen lasai aski.

—Pontxe bat? —galdetu zidan neska batek irribartsu. Sandwichez eta pontxe edalontziz beteta zeraman azpil bat batetik bestera.

—Ez, eskerrik asko —erantzun nion neuk ere irribarrez eta aurrerantz jarraitu nuen paseatzen.

Orduan ideia bitxi bat izan nuen. Pentsatu nuen jakiteko ea bertan jarraitzen zuen Pellek ala etxera joana zen, saloiraino sartu baino lehen hobe zitekeela begiratzea, besterik gabe, ea bere logelako leihoa piztuta zuen ala ez. Gogoan nuen, berak erakutsita, zein zen bere logelako leihoa eta ordurako —nahiz eta artean ez ilun egon— etxe batzuetan hasiak ziren han-hemenka argi batzuk pizten. Konturatu nintzenerako udako etxe ondoraino iritsia nengoen. Atzealdetik buelta eman eta aurrerago jarraitu nuen han non Ingriden etxe-harresia hasten zen lekuraino. Harrizko hormatxo batek bereizten zuen Ingriden etxea hurrengo bizilagunaren jardinetik eta tartean arkazi ttipi batzuk zeuden landatuta muga hobeto seinalatzearren. Hara iritsi nintzenean oso ongi ikus nezakeen Pelleren etxea, errepideaz bestaldetik, eta ezin hobeto bere logelako leihoa. Artean itzalita zegoen, han ez zegoen argi izpirik.

—Ez dik piztu argia oraindik —esan nuen ene artean.

Baina egia zen baita ere, ez zela argirik behar. Erabat ilundu gabe zegoenez ederki aski ikus zitekeen oraindik.

—Eta gainera, posible duk oraindik ere hemen egotea, festan, saloian edo beste nonbait.

Harresitik aldendu eta berriz ere festara hasi nintzen inguratzen. Udako etxeraino iritsi nintzen, atzealdetik. Zerbait egitearren, han atzealdean zegoen zurezko leihotxotik jarri nintzen barrurantz begira.

Aurrena zertxobait kostatu zitzaidan begiak barruko iluntasunera egokitzea. Baina berehalaxe gauza izan nintzen barruan zegoen guztia ikusteko. Eta hura gauza hura!

Hasieran kosta baldin bazitzaidan begiak egokitzea oraingoan, ikusten ari nintzena ikusiz, gogoa zen ezin nuena egokitu. Hori bai kosta egiten zitzaidala!

Udako etxe hartan ohe bat zegoen hormaren kontra jarria, ezkerraldean, zabala eta bikoitza. Ohe gainean Marja zegoen etzanda eta Marjaren gainean Sven zegoen etzanago oraindik. Ezin nuen sinestu! Kosta egiten zitzaidan benetan eszena hura barneratzea. Marjaren burua ikus nezakeen soilik. Geldirik zegoen eta niregana begiratzen zuen, leihorantz. Berak niri begiratzen zidan eta nik berari. Bere gainean Seven zegoen, leku guztietarantz mugitzen, aurrera eta atzera, gora eta behera, aurrera eta atzera berriz ere... Noizbehinka burua altxatzen zuen eta aurrerantz begiratzen zuen, aurrean zuen aterantz zainduz bezala, alegia, ateak itxirik jarraitzen zuela eta inor ez zela sartzen zainduz bezala... Behin ateari begiratu azkarra egin ondoren berriro murgiltzen zen Marjarengan, burua gero eta gehiago makurtuz. Orduantxe, Svenek burua beheratzen zuenean ikusten nion Marjari aurpegia. Hantxe jarraitzen zuen kieto, geldirik eta izpirik ere mugitzeke, beti bezala, leihorantz begira, hots, nireganantz begira. Nik ere hantxe jarraitzen nuen geldo, harrizko estatua bihurturik, eta ez nintzen giharre soil bat ere mugitzera ausartzen, hain nengoen adi han barruan gertatzen ari zenari.

Zergatik ez zen mugitzen Marja? Zergatik ez zion abisatzen Sveni ni han, bere atzean, dena ikusten nengoela? Beno, egia zen mutua zela eta ezin ziola ezer esan, baina sikiera abisatu edota keinu batez jakinarazi zer ari zen gertatzen leihotxoan... Gauza da, hantxe jarraitzen zuela geldirik eta niri begira, isil-isilik Svenek, bitartean, bere lanean jarraitzen zuelarik...

Ez dakit zenbat denboraz iraungo nuen horrela, zelatan eta harrizko estatuarena egiten. Gauza da halako batean Svenek nonbait amaitutzat eman zuela bere lana eta mugitzen —zutitzen esan nahi dut, lehendik ere ederki aski mugitzen baitzen— hasi zela zegoen lekutik. Orduan alde egin nuen nik ere leihotxoan jarria nuen behategitik aguro asko.

Trago bat behar nuen. Aguro asko gainera, trago bat behar nuen. Berdin zitzaidan pontxea bazen ere. Pontxe trago bat mesedez.

Jardinaren erdialdera inguratu nintzen eta harrigarria orain inork ere ez zidan pontxerik eskaintzen. Egia zen bai, askoz ere jende gutxiago zegoela. Nonbait jendea hasia zen erretiratzen bere etxeetara. Baina nik pontxe trago bat behar nuen lehenbailehen.

—Seguru Pellek berehalaxe eskainiko zidala edalontzi bat pontxe, puntaraino betea gainera —esan nuen ene artean.

Oldozte horrek automatikoki eraman zuen ene begirada Pelleren etxeko leihora. Orain, bai, oraingoan piztuta zegoen bere logelako argia. Iritsia zen nonbait bere etxera eta hantxe zegokeen gure Pelle txintxo-txintxo estudiatzen.

—Beno, estudiatzen edo lotan ohe gainean lasai aski etzanda hainbeste pontxeren ondoren —pentsatu nuen.

Saloiraino barruratu nintzen nire pontxearen bila. Han bai, mahai baten gainean bi azpil geratzen ziren bete-beterik: batek mota askotako sandwichak zeuzkan oraindik eta beste azpilak hainbeste edalontzi pontxez beteak.

—Hau duk hik orain behar duana —esan nion ene buruari edalontzi haietako bat hartuz eta, ez bat eta ez bi, trago luze bat egiten nion bitartean.

Ederra zegoen pontxe hura, lehenengo aldiz. Bai horixe. Behar nuen halako zerbait, ene gorputz eta buru nokeatuari nolabaiteko buelta emateko. Orain bazegoen saloi hartan lekuren bat edo beste esertzeko libre eta horixe egin nuen. Sofan zegoen leku librea aprobetxatuz hantxe eseri nintzen eskuan ene pontxea neukala. Musika lasaigo zegoen orain, etxe barrukoentzat jarria bezala eta on egin zidan halako doinu lasaigarri bat entzuteak.

Beste tragotxo bat egin eta begiak itxi nituen une batez. Baina begiak itxi bezain agudo zabaldu behar izan nituen segidan, izan ere, berriro ikusten bainuen ezin argiago udako etxeko eszena hura: Marja ohean etzanda niri begira begi handi haiekin geldi-geldi eta ezer egin edo ezer esan gabe eta bere gainean Sven kankailu hura batera eta bestera, gora eta behera, atzera eta aurrera behin eta berriz eta etengabeki mugitzen.

Begiak zabaldu nituen bat-batean.

—Zer, Risky, zer moduz doa festa?

Ez nuen ene aurrean inor ikusten. Sofa hartan nire eskubian eserita zeudenak beraien artean ari ziren hizketan eta ezkerraldean ez nuen inor ikusten.

—Oso aspertuta al zaude ala? —berriro ere abots dultze hura nireganaino zetorren.

Ingrid zen noski. Ene atzean zegoen zutik beste hiruzpalau lagunekin hizketan eta nonbait ni sofan eserita ikusi eta nirekin hasi zen oraingoan.

—E, e? A, a! Bai, ondo. Ez, ez —konturatu nintzen ez niola oso erantzun argirik ematen. Bazirudien burua kable soltez betea neukala eta zenbait erantzun ezberdinen pusketak, han-hemenka askatuak ematen nizkiola neuk ere ez dakit nola.

—Presarik ba al duzu, Risky? —galdetu zidan segidan Ingridek, nire erantzun moduko hari kasu handiegirik egin gabe.

—Nik? Presarik? Ez, ez, batere ez —ari nintzen nonbait pixkanaka zentzatzen.

—Orduan geroxeago egongo naiz zurekin —eta hau esatearekin batera irribarretxo ezin eztiagoa luzatu zidan. Segidan, buelta eman eta bere lagunekin jarraitu zuen hizketan.

Beste trago bat behar nuen. Pontxe hura, egia esateko, oso goxoa zegoen. Orain hasia nintzen ulertzen zergatik halako arrakasta zuen festa hartan jende artean.

Jendea oso animatuta zegoen ordurako orokorrean.

—Zuk arrain ustela jan duzu, ez esan ezetz —ari zitzaion nire aldamenean eserita zegoen neska bat bere eskubitara zeukan mutilari. Hau bi eskuekin saiatzen zen tira egiten neska beregana erakartzearren, gero eta indar handiagoz, muxu bat eman nahi baitzion—. Ez didazu muxurik emango daukazun kirats horrekin, Stig.

—Nor gogoratzen da orain arrainekin? —erantzun zion Stigek tira egiteari utzi gabe. Oso alai zegoen eta mahai gainean zeuzkan zerbeza botilak ikusita —batzuk hutsik eta beste hainbeste beteta—, garbi antzeman zitekeen oraindik ere egongo zela alaiago handik ez askora—. Muxu bat, Pernilla, muxutxo bat besterik ez.

—Alde hemendik, olagarro —esaten zion Pernillak erdi-brometan erdi-serio, baina komentzimendu gehiegirik gabe.

—Muxutxo bat bakarrik, Pernilla —Stigek bere horretantxe jarraituz— ez litzateke eta lehenengo aldia izango.

—Baina bai agian azkenekoa, ez bazara geldirik egoten.

Ikusten zen joku builoso hark ordutan eta ordutan iraun zezakeela eta zertxobait gehiago konplikatzen bazen bikote hark sofa osoa, bere luzera guztian, beharko zuela, beraz, zutitu eta handik alde egin nuen leku guztia beraientzat utziz. Alde egiterakoan entzun nion Stigi esaten:

—Hara, leku libre gehiago daukagu. Oraingoan ez didazu alde egingo, Pernilla —eta irribarretxo maltzurrak ihes egin zion.

Bueltatxo bat eman nuen saloitik. Gero sukaldera joan nintzen eta bertan edalontzia utzi nuen. Berriro ere saloira eta beste buelta bat eman. Bazirudien festa hura beherantz egiten hasia zela, niretzat behintzat. Etxera erretiratzeko garaia iritsi zitzaidala hasi nintzen orduan pentsatzen. Bai, horixe egingo nuen, etxera joan, bazen garaia eta. Pasilutik barrena txizagurea jarri zitzaidan berriro. Baina, beti bezala, pasiluko bainua okupatuta zegoen. Goiko solairuan bazegoen beste bat eta haranzko bidean hasi nintzen eskailerak igotzen. Orduantxe libratzen zela goiko bainua ikusi nuen eta eskaileretatik beherantz hasten zela jaisten nire dantza-ikasle izandakoa. Annie E. zen.

—Zer, noiz hasiko gara tangoa ondo dantzatzen ikasten? —galdetu zidan irribarrez nire aurretik pasatu zenean.

—Zuk nahi duzunean —erantzun nion eta bainura sartu nintzen.

Atera nintzen eta sorpresa. Sorpresa handia.

Pasiluan, eskailerak amaitzen ziren ondoko hormaren kontra jarrita, Ingrid zegoen. Niri begira. Bazirudien nire zain zegoela.

—Annie E.-rekin ikusi zaitut hizketan —hasi zitzaidan poliki—. Zer moduz berarekin?

—Berarekin? Ondo —unetxo batez isildu egin nintzen—. Nik tangoa dantzatzen irakatsi behar diodala esaten dit.

—Eta?

—Ba, ez dakidala nik tangoa dantzatzen.

Ingrid isilik geratu zen bi segunduz. Eta segidan:

—Ez dio inportik. Zatoz nirekin —eta hori esaten zidala, irribarre ezin dultzeago batez, bere eskua luzatu zuen nirearen bila.

Erridikulu samar sentitu nintzen horrela eta bat-batean, Ingridi eskua emanda pasiluan barrena, bere atzetik nindoala. Eskerrak une hartan ez gintuen inork ikusi. Hori da nik uste dudana behintzat. Norbaitek ikustekotan momentu hartan bainura igo zen norbaitek behar zuen izan, baina nik, badaezpada ere, ez nuen atzerantz begiratu.

Nahiko lan bainuen aurrerantz begiratzearekin, izan ere, ikusi behar nuen zertan ari zen Ingrid.

—Hau zer da, zure logela? —galdetu nion orduan zerbait galdetzearren.

Galdera hura inozo samarra zen egia esateko. Ia itsu batek ere ikus baitzezakeen hura Ingriden logela zela eta ezinezkoa zela beste edonorena izatea. Sartu eta eskubitara ohe bat zegoen, beraz hura logela zen; eta sartu eta ezkerretara zegoen mahaitxo baten gainean Ingriden argazki handi bat ikusi nuen, koloretan eta polito markoztaturik, beraz logela hura Ingridena zela oso garbi zegoen.

Baina ni ezin urduriago nengoen une hartan eta ez zitzaidan beste galderarik bururatu.

—Bai —erantzun zidan Ingridek inolako garrantziarik eman gabe galdera hari—. Itxi ezazu atea, mesedez.

Horixe egin nuen nik orduan, atea itxi. Ordurako Ingrid hasia zen oinetakoak eranzten ohe ertzean eseri ondoren.

—Ufff! Bai nagoela nekatuta! —eta hau esatearekin batera atzeraka egin zuen saltotxo eta ohean etzanda geratu zen zapata bati ostikoa emanez. Zapatak hegalaldi txiki bat egin zuen armairu azpian lur hartu zuen arte.

—Zu ez al zaude nekatuta, Risky?

—Ni? Ez, ez... beno, bai.

Ingrid bere ohe gainean zegoen etzanda, luze bezain zabal niri begira eta ni zutik kieto, logelaren erdian, telefonikako zutoin baten gisara. Nire urduritasuna areagotzen zihoan momentu batetik bestera. Ez nekien zer egin eta ez zitzaidan ezertxo ere bururatzen hitz egiten hasteko.

Orduan eskuak poltsikoetara sartu nituen.

—Zer? Horrela egongo al zara gau guztian?

—E.... e... ez —baina bertan geldirik jarraitu nuen zer egin behar nuen jakin gabe.

—Nekatuta zeundela esan didazu, ezta? —posizio hobeagoa hartu zuen Ingridek ohe gainean gorputza mugituz. Orain normalki ohean etzaten garen bezala zegoen jarrita, burua burko gainean eta gorputza ohearen luzerari jarraituz.

—Nik? A, bai, bai —bihotza taupadaka sentitzen nuen ene barruan, zaldi erotu baten antzera, halako salto handiak eginez non une batean iruditu zitzaidan ahotik aterako zitzaidala.

—Jarri zaitez ba, hemen nire ondoan, apurtxo batez deskantsatzen, zonzolo —eta eskuaz bi kolpetxo eman zituen ohe gainean bera etzanda zegoen tokian bazegoela niretzat lekurik esan nahiko balu bezala.

Logelaren erditik mugituz, mantsoki hasi nintzen oherantz inguratzen nire gorputza kamioi pisutsu bat bailitzan. Ohera iritsi nintzenean —eta mila kilometro errekorritu nituela iruditu zitzaidan orduan—, ohe ertzean hasi nintzen esertzen eta horretan ari nintzela entzun nuen Ingridek esaten zidala:

—Askoz hobeto deskantsatuko duzu oinetakoak, nik egin dudan bezalaxe, eranzten badituzu.

Ingriden esaldi bakoitza agindu zorrotza zen niretzat orduan eta berak esan bezalaxe hasi nintzen zapatak eranzten. Hori egin eta biak utzi nituen, bata bestearen ondoan anaia bixkiak bezala, mesanotxearen azpian txintxo-txintxo.

Baina Ingridek, nonbait, ez zuen une hartan isilik egoteko asmorik.

—Horrela eserita ez duzu batere deskantsatuko. Etzan hementxe nire ondoan eta erlaxatu zaitez pittin bat.

Horixe egin nuen. Orain ohe gainean geunden etzanda, Ingrid eta biok, geldi-geldirik. Ni momia baten moduan sentitzen hasi nintzen, Egipton aurkitu dituzten horietako bat, gorputza goitik beheraino mendaz bildurik edukiko banu bezala.

Horrela ez dakit nik zenbat denbora joango zen, minutu bat, hiru minutu, bi urte, eternidade oso bat.

Ni momia bat nintzen orduan, baina garbi zegoen Ingrid ez zela Marja.

—Zer, hemendik alde egingo al duzu niri muxu bat sikiera eman gabe?

Galdera hura —edo hobe, agindu mozorrotu hura— ene erraietaraino joan zitzaidan zuzen-zuzenean eta behin han barruan dardarizo moduko bat piztarazi zuen enegan.

Oraindik momia bat eginda jarraitzen nuela, ene gorputza ia zentimetro bakar bat ere mugitu gabe, burua jiratu nuen poliki beraren aurpegirantz eta modurik herabetienean muxu bat eman nion bere ezkerraldeko masailan. Pa.

Egia zen. Egun hartan ez zegoen munduan Ingrid hura isilaraziko zuenik.

—Muxu? Hori al da muxu ematea? Risky, mesedez!

Eskerrak ordurako logela erabat ilun zegoela bestela, nire lotsarako eta lehendik ere gutxi lotsaturik banengoen, Ingridek ikusiko zukeen nire aurpegia gorri-gorritua piper handi gorria baino gehiago. Orduan, Ingridek beste zerbait okerrago esango zidala eta haren beldurrez, hauxe atera zitzaidan, ez dakit nik kemena nondik bilduta eta indarra nondik aterata:

—Ba, muxu hori ez bazaizu gustatu, orduan emaidazu zuk beste bat hobea.

Hau esan ondoren lehen baino gorrituago jarraitzen nuen baina, iluntasunari esker, Ingrid ez zen horretaz ohartu.

Oraingoan ere zerbait esango zidan Ingridek, hori seguru, ez baitzen isilik geratuko, horrela eta besterik gabe. Ni ere horren zain geratu nintzen.

Baina, harrigarria baldin bada ere, ez zen erantzunik edota aipamenik izan. Horren ordez Ingridek muxu xuabe, eder, ezin dultzeago bat pausatu zuen ene ezpainetan.

—Zer moduz? —galdetu zidan segidan.

—Oso ongi —erantzun nion. Gezurra dirudien arren, orain zertxobait lasaiago aurkitzen nintzen—. Egia esateko, nirea zatarragoa izan da.

—Ea ikasi duzun zertxobait —Ingriden beste agindu bat zen hori.

Gauza horiek aguro aski ikasten dira. Hori zertxobait dakienak berehalaxe aitortuko dizue. Eta horrela, esan beharrean nago nire bigarren muxua askoz hobeto atera zitzaidala.

—Ummm! Ari zara ikasten, Risky —hori izan zen oraingoan Ingridek esan zuena eta segidan—: Zatoz honaxeago laztana.

Baina bera etorri zen.

Orain ni etzanda nengoen ohe erdian eta Ingrid nire gainean zegoen eta biok geunden ezin gustorago. Muxuen lezioa oso aurreratua genuen ordurako. Ahoen jokuak mihiei utzi zien lekua eta eskuen eta gorputzen ukitze eta igurtzitzeak ere oso aurreratuta zeuden ordurako.

Horrela geundela gure arteko muxu dultze haietako batek, ez dakit nik baina, iraun zezakeen minutu bat, hiru minutu, bi urte, eternidade bat...

Ingridek bat-batean bere alkandora eranzten zuela ohartu nintzen eta baita ere berak zeraman bularretakoa —ez dakit markaren izena— oso erraz askatzen zela.

Nire alkandoraren botoiak hasi zen orduan askatzen poliki-poliki Ingrid eta abots ezin dultzeago batez galdetu zidan:

—Risky, ez al duzu berorik?

Eta pentsatzen jarrita baietz erabaki nuen, arrazoi zuela Ingridek. Izan ere, nork ez daki oraindik Suediako gauak oso beroak, ezin beroagoak, direla?

Munduko gizonik zoriontsuena nintzen ni orduan. Pozik eta saltoka atera nintzen etxetik. Gaua ere ezin ederragoa zen, dena baitzegoen izarrez josia. Gaueko giro eder hark on egin zidan etxerako bidean, paseatzen lasai aski nindoan bitartean.

Azken despedida azkar samarra suertatu zitzaidan. Berandu egin zitzaigun eta une batetik bestera, Ingridek esan zidanez, bere ama etortzekoa zen. Sukaldean Marja ikusi nuen lanean, trasteak biltzen eta gauza guztiak garbitzen eta txukuntzen. Baina ez nuen ikusi handik Svenen arrastorik. Beste lagun batzuk ere ari ziren lanean etxea poliki uzten. Annie E. ere tartean zegoen eta ezagutzen ez nituen beste neska eta mutil batzuk. Nik ere galdetu nien ia nire laguntza nahi zuten, nik ere lagunduko niela dena garbi-garbi eta txukun uzten baina ezetz, berandu zela eta etxera joateko esan zidaten.

Kaletik nindoala zerurantz begiratu nuen. Ehundaka eta ehundaka izar disdiratsu ikus nitzakeen eta den-denak, ni agurtuz gainera, lagun minak nituela egin zitzaidan.

Pozik nindoan eta kantuan hasi nintzen nirekiko:

—Tirari ta tita tirarirari... tirari ta tita tirarirara... txutxutxu ta txutxutxuta tirari ta tita...

Eta abesti honekin batera aitaren irudia etorri zitzaidan segituan. Espero nuen bera ere pozik egotea eta bere lan-negozioetan suertea izatea. Laster itzuliko zen etxera eta laster egongo ginela berriz elkarrekin hasi nintzen orduan pentsatzen.

Etxera iritsitakoan, dena zegoen lasai eta geldirik. Sukaldean —hara joan bainintzen, oheratu baino lehen, edalontzi bat esne edatera— eta mahai gainean utzita ohar bat neukan niretzat Birgittak idatzita:

Risky: zer moduz festan?

Nahi baduzu bihar arratsaldean hirira joango gara, kontzertu bikain bat baitago.

Bihar arte

B.

Gau hartan zoragarri egin nuen lo. Hain ongi eta hain aguro non sartu orduko seko geratu bainintzen lotan eta gau guztian segidan eta behin ere esnatu gabe egon nintzen ume ttiki bat bezain ongi lo egiten.

Nahikotxo berandu esnatu nintzen. Sukaldera jaitsi nintzenerako Birgitta alde egina zen eta bere beste ohar bat neukan mahai gainean nire zain. Bertan jartzen zidan, musika emanaldira joan nahi baldin banuen, lehengoan bezala arratsaldeko hiruretan egongo zela nire zain Kultur Centrum-eko hall edo sarreran. Ohar horren ondoan, postariak goiz hartan ekarritako korrespondentzia guztia zegoen: propaganda, gutunak, egunkariak, aldizkariak eta... laranja koloreko gutunazal bat.

Erdilotan artean eta gosaltzen ari nintzela eskua luzatu nuen paketetxo hura postak osatzen zuen menditxoaren azpitik ateratzearren. Ez, ez zeukan igorle izenik atzealdean eta aurrealdean nire izen-abizenak zetozen ongi idatzita eta helbidea ere ongi zetorren, behar bezalako kale izena eta zenbakia ondo jarrita.

Album txiki bat zen oraingoan argazkiak jartzeko. Larru antzeko azalak zeuzkan eta barrutik plastikozko orrialdeak argazkiak binaka sailkatzeko.

—Tira, ez zegok batere gaizki —esan nuen ene artean—. Gustora beteko nikek argazki-album hau Ingriden argazkiekin... bere argazkiak izango banitu!

Ez nuen ezer egitekorik goiz hartan eta alferkerian egon nintzen. Musika pixkat entzun, egunkariari eta aldizkari pare bati begiratutxo bat egin, logela txukundu, dutxa bat hartu... eta horrelako eginbeharretan eman nuen goiz hura. Hori bai, gauza batek eman zidan atentzioa. Eta egia esateko, arraro samarra egin zitzaidan nahiz eta hasiera batean ez nion garrantzia handiegirik eman.

Janzten ari nintzela eta, aldi berean eta beti bezala, leihotik begira bat-batean ikusi nuen atzealdeko etxetik zetorren kotxe gorria, land-rover modukoa, irteerako langan gelditzen zela, espaloi ondoan eta kotxetik bizilagunetako bat —Sam Jo uste dut izan zela— atera ondoren buzoian, gure buzoian, hasten zela zerbait bilatzen bezala. Dena ari zen miatzen eta eskua ere, sartu egin zuen. Harrigarria ordea zera da, hura ez zela haien buzoia, gurea baizik. Haien buzoia bestaldean zegoenez gero —ate sarrerako beste zutointxoaren gainean— ezin esan nahastu egin zenik.

Miaketa lanak amaitutzat eman zituenean kotxera sartu eta alde egin zuen —edo zuten, ez baitakit bakarrik etorri zenentz— handik abiada bizian.

—Hamar minutuz egon duk hor geldi-geldirik eta orain bat-batean zergatik eta zertarako halako presak? —galdetu nion ene buruari—. Bazeukean etxetik lehenago ateratzea halako presaz ibili beharrean.

Arratsaldeko kontzertua, hiriguneko Kultur Centrum-ean, oso ondo egon zen. Zoragarria izan zela esango nuke. Plektro instrumentuez osaturiko musikari talde handi bat zen eta oso programa zabal eta interesgarria jo zuten, hasi erdiaroko piezekin segi Bach eta Tellemann bezalako maisuekin eta, azkenik, gaur egungo konposatzaileek asmaturiko piezekin amaitu baitzuten.

Gauza da, ordea, ni urduri samar nengoela kontzertua hasi aurretik eta baita geroago ere, deskantsualdian. Urduri nengoen batera eta bestera begiratuz ea ikusten nuen handik Ingrid azaltzen. Musika kontzertua hasi aurretik kafetegi inguruan egon ginen Birgitta eta biok eta hainbeste jende zegoenez normaltzat hartu nuen une hartan Ingrid ez ikustea. Baina amaitu zen kontzertuaren lehenaldia eta berriro irten ginenean topo egin genuen Ingriden amarekin baina ez Ingridekin. Zerbait hartzen, freskagarri batzuk, egon ginen kafetegian hirurok eta ni ez nintzen ausartu une hartan bere amari galdetzera non zegoen Ingrid, begibistakoa baitzen arratsalde hartan ez zela etorri.

Egia esatearren, kontzertuaren bigarren aldia despistatu samarturik eman nuen denbora guztian pentsatzen non ote zegoen Ingrid eta zergatik ez ote zen etorri Kultur Centrum-era bere amarekin, jakinik —beno, ez seguru, baina bai ia seguru— ni ere bertan egongo nintzela Birgittarekin. Horrela, halako eta antzeko pentsamenduekin endredaturik, joan zitzaidan bigarren partea. Azkenean zera erabaki nuen: bezperan halako gau ederra eta marabiliosoa pasatu ondoren normala zela oso nekatuta egotea eta horrexegatik ez zela etorri kontzertura, etxean geratu zelako lasai-lasai deskantsatzen... eta pentsatzen bezperan bizi izandako amodio gau eder hartaz.

Eta pentsamendu horrek izugarri lasaitu ninduen.

Arratsaldeko 5'30etan edo, iritsi ginen etxera Birgitta eta biok. Sukaldean afaldu genuen zopa eta arrain mota bat, ez dakit bere izena, labean egina, oso goxoa zegoena maionesa apur batekin. Postrea amaitzean, platerak eta ontziak bildu eta Birgitta, beti bezalaxe, saloira joan zen telebistan albiste-programa ikustera.

Nik ez nuen horrelakorik egin ordea. Niretzat orduan albiste bakar bat besterik ez baitzegoen munduan, non zegoen Ingrid eta zergatik ez zen kontzertura etorri. Hori zen nik jakin nahi nuen albistea, benetan. Ordurako ezin urduriago nengoen. Afaltzen ari ginen bitartean areagotzen joan zitzaidan laztasun hori baina, baita ere, areagotzen nirekin bildu behar nituen indar eta kemen guztiak.

Hartua nuen, azkenik, erabakia. Pentsatu nuen bezperan bizi izandako amodio-gau hark eskubidea ematen zidala horretarako eta askoz gehiagorako ere. Bai, bere etxera joango nintzen. Ingriden etxetik azalduko nintzela erabaki nuen. Erabakia hartua nuen eta indar eta kemen guztiak nireganatuta.

Ene logelara igo nintzen eta zertxobait txukundu nuen nire itxura. Birgittari nora nindoan esanez gain agur egin nion eta etxetik atera nintzen erabaki handiz.

Ingriden etxerako bidean nindoala nire artean ari nintzen pentsatzen zein ote zen modurik onena eta egokiena aurkezpena egiteko. Lehenengo gauza, hori bai, argi zegoen: bere etxeko sarreran txirrina jo eta berak atea ireki bezain agudo hauxe esan, Arratsaldeon Ingrid, zer moduz zaude?

—Hori oso sarrera hotza duk, motel —esan nion ene buruari—. Komertzio biajante bat ematen duk. Hire aita ematen duk etxez etxe zerbait saltzen ibiliko balitz bezala. Zerbait goxoago behar diok esan bestela Ingrid erabat zapuztuko zaik, eta arrazoi osoz gainera.

Pentsamendu honek gehiago urduritu ninduen oraindik. Ene bidetik aurrerantz nindoan, gero eta gertuago Ingriden etxetik, eta ezin nuen aurkitu formula egokia haren aurrean behar zen moduan aurkezteko.

—Kaixo laztana, zer moduz pasatu duzu gaua nik alde egin eta gero?

—Ez, ez, ez —moztu nuen hasiera hura—. Aurkezpen hori eztiegia duk. Oraingoan ere ezti saltzaile bat ematen duk etxez etxe goxokiak saldu nahian.

—Arratsaldeon, Ingrid, hemen naukazu berriro ere atzo gauekoa errepikatzeko asmotan. Zer diozu?

—Ez, ez, ez —ostera ere esaldia moztuz—. Hori fuerteegia duk. James Bond probintzianoa ematen duk "Diamantfeber" istorioko abentura bera errepikatu nahian.

—A! Badakit zer egingo dudan! —ideia bitxi bat bururatu berri zitzaidan—. Hoberena ahalik eta gutxien hitz egitea duk. Beraz, Ingriden aurrean egongo naizenean hauxe esango zioat, besterik gabe:

—Kaixo, Ingrid, zer moduz?

Horixe izango zela, azkenean, erabaki nuen, oso gutxi hitz egitea. Ene pausuei jarraituz ari nintzen Ingriden etxe pareraino iristen. Ehun metro ere ez zitzaidan faltako, espaloia utzi, errepidea zeharkatu eta Ingriden etxeraino ailegatzeko.

Baina aldez aurretik gutxi hitz egitea pentsatua banuen, ezta gutxi horren beharrik ere ez nuen izan. Mutu geratu bainintzen —hitz egiten hasi aurretik ere mutu— beste Marja bat banintz bezala. Eta metro gutxi batzuk falta baldin bazitzaizkidan Ingriden etxe aurrean egoteko hantxe bertan, nengoen hartan, geratu nintzen kieto, ez atzera eta ez aurrera, ezin sinesturik ikusten ari nintzena.

Automobil handi bat zegoen aparkatuta Ingriden etxe aurrean. Modelo zahar bat zen, amerikanoa, Chevrolet edo Chrysler edo horietako bat, baina oso ongi zaindua eta ezin hobeto pintatua. Krema koloreko kapota eta ateak, eta beste guztia marroi kolorekoa. Gurpilak zuri kolorez margotuak eta erradioak eta burdinezko atalak ezin disdiratsuagoak. Olanazko sapai tolesgarria zeukan kotxeak eta aurrealdean, alde bakoitzean, turuta itxurazko bi bozina zilarrezkoak zirudítenak. Nik ordurarte ikusi ez nuen kotxea zen eta hobeto erreparatuz konturatu nintzen Stockholm-eko matrikula zeramala.

Esan bezala ni hantxe, nengoen lekuan, geratua nintzen kieto, harrizko estatua baten moduan, ezin mugiturik eta —okerrago zena— ezin sinesturik ikusten ari nintzena. Ingrid baitzegoen kotxe barruan eta ez zegoen bakarrik!

Eserlekuak atzerantz eramanak zituzten eta hantxe, erdi-eserita erdi-etzanda, zegoen Ingrid beste morroi batekin muxukatzen, elkar laztantzen, orain bat besteren gainean eta gero bestea honen gainean jira-eta-bueltak etengabe ematen...

Begibista lausotzen hasi zitzaidan bat-batean eta gero eta gutxiago ikusten nuen (gero eta gutxiago ikusi nahi nuelako seguraski). Eta orduan gauza ezin bitxiagoa suertatu zitzaidan: begiak lausotu ahala oinak hasi zitzaizkidan askatzen. Eta horrela, poliki-poliki hasi nintzen berriro ere ibiltzen, atzerantz aurrena eta gero, buelta eman ondoren, gero eta azkarrago etxerako bidean berriz ere. Azkenean abiada bizian ailegatu nintzen nire etxera, munduko 1.000 metroko errekorra hautsi nuelarik, lur jota, porru eginda, negar batean, ezereza eta hutsa baino gutxiago sentitzen nintzelarik...

Zuzenean igo nintzen nire logelara. Eskerrak artean ere telebista ikusten jarraitzen zuela Birgittak eta, beraz, ez zela nire egoera ezin penagarriagoaz jabetu. Negarrez bainengoen, desesperaturik, eta erotuta bezala sentitzen nuen ene burua. Krisketaz itxi nuen ene logelako atea —orain pentsatzen jarrita badakit tontakeria handia dela baina orduan ezin nuen ezertan pentsatu. Izan ere, zeren edo noren beldurrez nintzen atea krisketaz ixten hasteko?— eta ohe gainean etzan nintzen nengoen bezala, ezer erantzi gabe.

Horrela eman nuen —sinesten zaila baldin bada ere— gau osoa, ohe gainean etzanda eta mugitu gabe, negarrez eta erabat etsita, mila gauzatan pentsatuz eta beste milatan birpentsatuz.

Soilik goizaldean, uste dut, zertxobait egin nuela lo baina oso denbora gutxian hala ere.

Biharamunean kosta egin zitzaidan esnatzea. Azkenean, loak hartu nonbait goizaldera eta ohartu nintzenerako hamaikak izango ziren hortxe-hortxe. Ez nuen gosaltzeko gogorik batere baina halaz ere sukalderaino jaitsi nintzen zertxobait edatera. Edalontzi bat esne hartu nuen, gogorik gabe eta zerbait edatearren, gosari gisa.

Hantxe zegoen mahai gainean, goizero bezala, postariak ekarritako posta-muinoa. Menditxo bat osatzen baizuten bertan pilatuta zeuden aldizkari, gutun, propaganda-orri, egunkari eta paketeek. Hantxe zegoen, baita ere, laranja koloreko gutunazal bat paketetxo itxuraz nire zain. Baina hain nengoen etsita, hain nengoen lur-jota, hain nengoen desesperatuta non ez nuen izan hartu eta zabaltzeko gogorik. Beste momentu batean egin nezakeen operazio nekagarri hura. Beraz, hantxe bertan utzi nuen, zegoen bezala, paketetxoa.

Inor ez zegoen etxean. Birgitta hirian zegoen arratsalderarte. Berriro ere ene logelara igo nintzen. Ohe gainean etzan eta hantxe egon nintzen kieto, ezer egin gabe eta sapaiari begira denbora guztian, ez dakit nik zenbat orduz.

Gau tristea izan zen bezperakoa niretzat eta egunak ere ez zuen traza hobeagorik. Oso gizaki nimiñoa sentitzen nintzen orduan, ezerez bat, hutsa baino gutxiago, pertsonaia triste eta koitadua, gero eta ttikiagotzen ari zena denborak aurrera egin ahala.

Halako pentsamendu hits eta tristeetan murgildurik jarraitu nuen luze. Gero, zerbait bazkaldu beharko nuela eta —nahiz eta batere gogorik ez izan— berriro jaitsi nintzen sukaldera. Bi sagar eta yogur bat izan zen nire orduko bazkari guztia. Hura amaitu nuenean ostera ere logelara igo nintzen, eta berriz ere —honez gero ohitura ez galtzearren— ohe gainean etzan nintzen eta hantxe geratu kieto, sapaiari begira.

Nire ohea koltxoneta bat zela iruditu zitzaidan orduan eta denbora itxasoko ura zela eta hala nengoela ni, flotatzen bezala, ez aurrera eta ez atzera. Baina denborak, jakina, aurrera egiten du beti eta etengabe eta halaxe, orduak ere aurrera joan ziren.

Iritsi zen Birgitta hirigunetik eta ailegatu zen baita ere afaltzeko ordua, hots, arratsaldeko bost t'erdiak. Itxurak eginez eta ahal izan nuen hobekien disimulatuz, saiatu nintzen afaltzeko zegoena jaten baina gogo handiegirik gabe. Halako gogo gutxiz afaldu nuen non orain bertan ere ez dakit esaten zer jarri zidan egun hartan Birgittak afaltzeko.

Seguruenik Birgitta konturatu zela zerbait gertatzen zitzaidala, seguru ikusi zuela zein aurpegi txarra neukan, seguru zekiela, baita ere, nondik norakoak ziren ene minak eta saminak eta —orain pentsatzen jarrita— seguru horrexegatik ez zidala ezer galdetu eta ezertaz ohartuko ez balitz bezalaxe jokatu zuela une haietan.

Afalorduan kontatu zidan Birgittak zer egin zuen egun hartan. Enkargu batzuk eta beste zenbait erosketa han eta hemen. Gero Ingrid eta bere amarekin elkartu omen zen eta hirurak ibili omen ziren paseatzen eta zenbait denda eta almazen bisitatzen bazkalordua iritsi arte. Bazkaltzen ari ziren bitartean Ingriden amak kontatu zion Birgittari Johannes etorri berri zela Stockholm-etik eta Ingrid oso pozik zegoela. Johannes, argitu zion, Ingriden senargaia zen, oso mutil jatorra eta langilea. Stockholm-eko Unibertsitatean zegoen Arkitektura estudiatzen eta egun batzuk pasatzera etorria omen zen...

Ni, hura entzun nuenean, gaizkitu egin nintzen eta ia-ia afaria bota egin nuen, oso gutxigatik ez bainintzen hasi hantxe bertan gonbitoka eta dena botatzen. Ur edalontziari tragoxka bat egin nion eta ahal izan nuen bezala saiatu nintzen onik mantentzen. Baina behin amaitu genuenean afari hura, segituan igo nintzen berriro ene logelara bertan entzerratzera.

Berriz ere ene ohe gainean etzanda eta sapaiari begira utzi egin nuen denborak aurrerantz jo zezan. Buruz nekien ordurako nolakoa zen ene logelako sapaia, buruz nekien haren kolorea eta bertan azaltzen zen irudi eta marra multzoa. Sapaian zeuden zimurdurak, tolesdurak eta urratu guztiak buruz ezagutzen nituen ordurako. Baina okerragoa zen —sapaiari begiratzeaz erabat asperututa— begiak ixten banituen. Orduan, berehala azaltzen baitzitzaidan, zine pantaila erraldoi batean bezalaxe, kotxe madarikatu haren irudia eta barruan ikusitako eszena penagarri hura: Ingrid eserleku luzatu haietan etzanda eta gainean jira-buelta milaka egiten beste morroi hura, han-hemenka igurtzi eta etengabe muxukatzen...

Hobe nuen bat-batean begiak zabaltzea eta berriro ere sapaia aztertzeari ekitea...

—Risky, Risky, Risky! —oihu batzuk entzun nituen beheko solairutik zetozela.

Ohetik altxa eta logelako atea zabaldu nuen:

—Risky, jaitsi zaitez une batean, mesedez, bisita duzu-eta —iragarri zidan Birgittak pasilutik.

Saloirako bidea erakutsi zidan eskuaz seinalatuz Birgittak. Barruratu nintzenean atea itxi zuen kanpotik eta berak sukalderantz alde egin zuen. Sofa luzea zegoen lekurantz begiratu nuen, begiratu eta hantxe ikusi nuen Ingrid eserita. Ederra zegoen, polit eta zoragarri. Ileadats horia atzetik zuen bilduta motots batez eta soineko gorri poxpolin batekin azaldu zitzaidan ene begibistara.

—Kaixo, Risky —esan zidan irribartsu.

—Kaixo, Ingrid —nik erantzun ene irribarrerik ederrena jartzen asmatu nahian.

Bizpahiru segundu pasatuko ziren ni bere ondoan eseri nintzen arte. Tarte horretan isilik geratu ginen biok eta niri tarte hori eternidade osoa egin zitzaidan. Eternidade osoa egin denbora eman zidalako hainbat eta hainbeste pentsamendu burutik ibiltzeko.

Tarte horretan pentsatu bainuen Ingrid niregana zetorrela berriro. Esan behar zidala nirekin egotera zetorrela, gau marabiliosoa izan zela guk biok pasatu genuena eta horrek, handik aurrera, izango zuela jarraipena, halako jarraipena non ez ginen bata bestearengandik inoiz gehiago bananduko.

Egia esan, bi edo hiru segundu soil batzuk askorako ematen dute. Gehiago ere pentsa nezakeen baina ezin izan nuen orduantxe hasi baitzitzaidan Ingrid hizketan.

—Risky, arazo bat daukat.

Poztu egin nintzen barrutik hori entzun orduko. Eta gainera, uste dudanez, irribarre izpi bat azaldu zitzaidan aurpegira. Hauxe pentsatu bainuen ene artean: "Orain dena batera kontatuko zidak. Dena orokorrean esplikatu nahi zidak. Alegia, nola egon nahi duen nirekin eta azken gau marabiliosoan bizi izandakoa nola nahi duen berriz errepikatu baina arazo bat daukala, izan ere, espero ez zuen aspaldiko nobio bat azaldu zaiola eta hori esplikatu nahi didala. Ez kezkatzeko ni, mutiko hori ez dela ezer berarentzat eta nirekin nahi duela betiko jarraitu..."

—Arazo bat? —atera zitzaidan niri.

—Bai, arazo larri bat.

Arazo larria izaten dela beti bi pertsonen artean bat aukeratzea esango zidak orain —jarraitu nuen ene artean pentsatzen— eta momentu berezia iritsi denez gero, nire alde egin duela hautaketa, ni maite nauela eta beste mutiko hori ez dela ezer berarentzat eta lasai egon nadin esplikatuko zidak orain...

—Gaur goizean hirira joan gara ama eta biok eta hantxe eman dugu eguna —hasi zitzaidan mantso hitz egiten.

Den-dena nahi zidak hasieratik esplikatu, dena nahi zidak borobilduta utzi eta horregatik eraman dik haria hain atzera zehaztasunik nimiñoena ere baztertu gabe —segitu nuen nik ene oldozteekin...

—Eta gero Birgittarekin elkartu gara eta hirurok bazkaldu dugu "Jungfrau" kafetegian.

Orduan Birgittak dena zekik —zertxobait larritu nintzen ene artean—. Orduan dena kontatu ziok Ingridek Birgittari, biok gaudela maiteminduta esan ziok...

—Eta gu kanpoan ginen bitartean —jarraitu zuen poliki hizketan Ingridek—, gure etxera sartu dira.

—...?

—Bai, norbait sartu da nire etxera eta nire logela osoa jarri dute hankaz gora.

Orain bai ez nuela ezer ulertzen. Begiak handitu egin zitzaizkidan bat-batean eta adi jarraitu nuen Ingriden esplikazioa. Ez nekien nondik nora zihoan eta ez nekien non nahi zuen amaitu.

—Bazekiten non dagoen nire logela, zuzen--zuzenean joan baitira hara, etxeko beste ezer ukitu gabe. Eta nire logela hankaz gora jarri dute, arropak lurretik botata, armairua zabalduta, kaxoi guztiak miatuta... azkenean aurkitu duten arte.

—Zer aurkitu dute? —irrikitzen nengoen ordurako.

—Zure oparia.

—Nire oparia?

Egia esan, ez nintzen ia gogoratzen nik eman nion opariaz. Esfortzu txiki bat egin behar izan nuen gogoratzeko zer oparitaz ari zen.

—Zure margoa.

—A! Nire koadroa.

Orduan gogoratu nuen. Pakete batean jasotako koadrotxo hartaz ari zen. Banekien paisaia bat zela bertan ikusten zena, baina gehiago ezer ez. Margolariaren izena ere ez nuen gogoratzen.

— Bai. Bo Sunmarken margo eder hura.

—Baina nola sartu dira zure etxera? Eskailera batez igo al dira kanpotik zure logelaraino? (Suedian etxe guztiak antzekoak dira eta normalean logelak lehen solairuan egoten dira). Sarrerako atea bortxatu eta aurretik sartu al dira?

—Ez. Sukaldeko atetik.

(Egia zen. Izan ere, Suedian sukaldeko ateak beti egoten baitira zabalik, sarraila eman gabe).

—Sukaldeko atetik? —nik orduan harrituta—. Eta nola ez duzu itxi?

—Ez dago arriskurik. Amak bere dirua banketxean dauka. Eta nik nirea ere bai.

Azalpen hark gehiago txunditu ninduen, baina ez nuen ezer esan. Isilik jarraitu nuen.

—Risky —galdetu zidan interes handiz Ingridek—, nola lortu zenuen koadroa? Nola ahalegindu zinen halako koadro ona eskuratzeko? Ospe handiko pintorea da, nola erosi duzu?

—Nor da pintorea? —galdetu nion nik orduan harrituta.

—Nola nor den pintorea? —berak ni baino harrituago oraindik—. Ez al dakizu nor den Bo Sunmark?

—Bo Sunmark? Nire harridurak orduan goimuga jo zuen. Orain bai ez nuela tutik ere ulertzen.

—Bai. Bo Sunmark.

—Bo Sunmark? —nik berriro, baina oraingoan tonto aurpegi izugarria jarriz—. Bo Sunmark, hockeylari internazionala?

—Ez gizona, hori ez —moztu zidan esku batez keinu azkarra egiten zuelarik—. Izen-abizen bera eduki arren ez dute zer ikusirik. Zuk zer uste duzu kolore bakarreko asto bakarra dagoela bakarrik ala?

—Zer? —ordurako ez nion ezer ulertzen.

—Suediako esaera zaharra da —argitu zidan irribarrez Ingridek—. Sunmark asko dago Suedian eta Bo milaka eta milaka gehiago. Kointzidentzia bat besterik ez da, baina ni margolariaz ari natzaizu, margolari internazionalaz.

—A, beno... —atera zitzaidan pentsatu gabe. Artean ez nuen gehiegi ulertzen baina horixe da orduan atera zitzaidana Ingriden aurrean.

—Beno, eta orduan zer? —jakinminaz jarraitzen zuen, hori begibistakoa zen.

—Zer... Zer?

—Ba, hori. Nola lortu zenuen koadroa? Barkatu, baina ez baitu ematen zuk horrelako koadro bat erosteko beste diru daukazunik. Eta ez haserretu honengatik, e?

Ez, ez nintzen haserretuko. Ez zuen merezi. Gainera berdin-berdin zitzaidan koadrotzar hura eta baita munduko beste koadro guztiak ere. Ikusten nuen Ingridek ez zuela aipatzen nik nahi nuen gai bakarra. Eta ikusten ari nintzen ez zuela gai hura aipatzeko gogorik ere. Bera tematua zegoen koadroaren gorabeherarekin eta niri, egia esateko, bost piper ustel inporta zitzaidan koadroa, margolaria, hockeylaria eta mundu osoko Bo Sunmark guztiak...

Beraz, dena kontatu nion. Ez nuela koadroa nik erosi hasi nintzaion kontatzen, eta gero nola erori zen ene eskuetara, eta abar eta abar...

Gau marabilioso hartan bizi izandakoa nahi nuen nik berriro gogoratu, eta esplikatu nahi nion Ingridi maite nuela eta horrexegatik, hain zuzen, oparitu niola koadro hura, eta...

Eta... Alferrik izan zen. Presaz zebilela eta joan beharra zuela erantzun zidan orduan Ingridek, behin koadroari buruzko nahi zituen azalpenak entzun eta gero.

—Agur, Risky.

—Agur, Ingrid.

Muxu pare bat eman genion elkarri —hori bai, masailan— eta ni ohartzerako alde egina zen Ingrid etxetik.

Eta hantxe geratu nintzen ni, eserita eta pentsakor, lehen baino tristeago, lehen baino etsiago.

—Horrela egoteko, lur jota eta ezin tristeago —pentsatu nuen orduan ene artean— berdin-berdin duk hemen edo han egotea.

Etxezuloan sartuta egoteak ez zidala onik egingo eta lakura joatea erabaki nuen orduan.

—Komeni zaik haize fresko pittin bat, Risky —esan nion orduan ene buruari.

Lakuan aurkitzen nintzen berriro ere. Zurezko eserleku luze haietako batean jarrita nire kirol gogokoenari ekin nion ostera ere, hots, harritxintxarrak uretara botatzeari besterik gabe eta denbora pasatzearren, ikusteko soilik nola urperatzen ziren eta nola hasten zen uhintxo mordoa osatzen, zirkulutxo gero eta handiagoak eginez.

Lan horretan nengoela harritxintxarren hotsa entzun nuen. Kotxe baten gurpilek harritxintxarrak zapaltzean ateratako hotsa, esan nahi dut. Atzerantz begiratu nuen eta etxe misteriotsutik land-rover gorria ikusi nuen ateratzen —beti bezala ziztu bizian— eta barruan biak zihoazela ikusteko parada izan nuen oraingo honetan, Markus eta Sam Jo bizilagun bitxiak. Errepideko bidegurutzeraino atera ziren, eta oraingoan aldameneko buzoian miaketa lanetan hasi gabe, ezkerreko bidea hartuz abiada handiz jo zuten hirigunerantz.

Gure bizitza honetan gauza asko eta asko batere pentsatu gabe egiten ditugu, bat-batean egin eta kitto. Eta gero gerokoak. Gauza da ohartu baino lehen aurkitu nintzela bizilagun bitxi eta arraro haien etxe barruan. Konturatzerako barruan nengoen. Egia esan, Suedian etxe guztietan sukaldeko atea zabalik egon ohi da eta ez bat eta ez bi, hantxe nengoen Markus eta Sam Jo misteriotsuen sukaldean sartuta. Ordu hartan hain nengoen desesperatuta, hain nengoen lur jota eta etsita non berdin-berdin baitzitzaidan gauza bat egin edo bestea egin. Kasualitateak nahita gertatu zen orduan bi morroi haiek nire begien aurretik pasatzea eta besterik gabe —denbora pasatzearren eta nire desesperazioa ahaztu nahian— une hartantxe erabaki nuen barrura sartzea.

—Norbait ba al dago? —esan nuen ozenki behin sukaldera sartu eta gero.

Banekien ez zegoela inor bertan, baina badaezpada ere saiatu nintzen pittin bat itxurak gordetzen eta despistatzen.

—Ba al dago etxean norbait? —berriro eta lehen baino ozenkiago.

Norbait azaltzen bazitzaidan sukalderaino etorri nintzela olio edo gatza edota irinaren bila esango nion. Baina nik espero bezala ez zitzaidan inor azaldu.

Hurrengo pausoa ausartagoa izan zen. Sukaldea utzi eta pasilutik barrena saloirantz abiatu nintzen. Saloian ere ez zegoen inor. Oso txikia zen gela hura, gure etxeko saloiarekin gonparatuz, baina ez zegoen erabat itxia. Beste ate batek areto handiago batera eramaten zuen eta, ohartu nintzenez, areto handi hura estudio bat zen lakura ematen zuen beirate zabala zeukana.

Estudio hura ikusi, bertan zegoen tresneriari erreparatu eta segituan jabetu nintzen denetaz. Orduantxe ikusi nuen dena ezin garbiago. Handik korrika atera eta etxera itzuli nintzen.

Zerbait berezia eta garrantzizkoa aurkitua nuelako sentsazioa izan nuen. Konturatu baino lehen nire logelako mahai gainean nengoen ene koadernoan idazten. Aurrena bizilagun misteriotsuen estudioan aurkitutakoa hasi nintzen deskribatzen. Ezin nezakeen seguru esan, baina nire ustez Markus zen margolaria eta bestea, Sam Jo, falsifikatzaile trebea. Ehundaka mihise, tamaina eta neurri guztietakoak, aurkitu nituen han-hemenka pilatuta. Gehienak ukitu gabeak artean. Beste batzuk amaituak. Eta bi, margolari-astoen gainean jarrita, hasi berriak zeuden. Markus delako horrek —oso margolari ona eta trebea izanik— paisaiak bakarrik egiten zituen, Eskandinabian ikusi ohi diren betiko paisaiak: itsasontzitxo bat badian, fiordo batzuk, herrixka bat elurrez zuritua, lakuak eta ibaiak, etabar... Beti ere Bo Sunmark margolari suediar ospetsuak egin ohi dituen estilo eta teknika berbera erabiliz: estilo soltea eta pintzelkada arinez egindako koadroak beti ere oleoz eta inoiz ere ez akuarelaz.

Segidan beste piztiaren lana, Sam Jo deiturikoarena, zetorren. Honek ezer gutxi ikus zezakeen margolaritzarekin eta bai asko lan teknikoarekin. Izan ere, oso faltsifikatzaile bikaina izan beharra dago Sam Jok egiten zuena egiteko. Aurrena Bo Sunmarken sinadura hartzen zuen (ez Bo Sunmark margolariarena Bo Sunmark hockeylari internazionalarena baizik) eta tomatea eta ardoa botilatu eta kortxoz estaltzeko erabili ohi den aparailu antzeko batez argazki batetik harturiko sinadura hori plastikozko kalkamonia batera pasatzen zuen, zegoen bezalaxe, lurrinezko sistima bat erabiliz. Eta gero, behin pauso hori burutu ondoren, beste tramankulu bat erabiltzen zuen, arropak lisatzeko erabili ohi den antzeko sistima batez, kalkamonia hori koadroan ezartzeko. Eta horrela, azkenean, ematen zuen paisaia zoragarri hura Bo Sunmark margolari ospetsuak egindako benetako koadroa zela.

Gero, pentsatzen jarrita, bururatu zitzaidan tranpan jokatzen zutela bi pizti haiek baina, hori bai, arrisku gehiegirik gabe. Izan ere, jende askok eta askok zekien Eskandinabia osoan nor zen Bo Sunmark margolari ospetsua, baina inork gutxik esan zezakeen, bere koadro bat aurrean ikusita, hantxe beheko aldean azaltzen zen sinadura —Bo Sunmark— benetan jatorrizkoa zen ala, aldiz, oso ongi egindako faltsifikazio bat.

Eta prozesu guzti honetan Sven zegoen tartean. Orain garbi ikusten nuen bere jokaera. Orain garbi ikus nezakeen bere portaera harroa nondik zetorkion, bere kotxe dotorea, berak erabiltzen zuen diru piloa beti ere barra-barra gastatuz... hori guztia Markus eta Sam Jok ematen zioten dirutzatik zetorkion dudarik gabe. Svenek izotz gaineko hockey jokalariaren sinadurak ematen zizkien eta hauek, trukean, diru mordoa.

Azken pausoa koadro haiek saltzearena zen. Horretarako estudioan pare bat ordenagailu zituzten inprimagailuetan helbideak jarri eta gutunazaletan bialtzeko. Hantxe aurkitu nituen helbideak, zerrendak, gutunazalak, egunkarietan jarritako propaganda eta iragarkiak eta gainera, horma batetik zintzilika jarrita, zenbatean saltzen ziren Bo Sunmark margolari famatuaren koadroak, neurriaren arabera baina beti ere benetako pintorearen koadroen prezioekin gonparatuz askozaz ere merkeago... Jakina, balizko erosle batzuek, agian tranpa horretaz jabetuta, ez zuten erosi nahiko koadroren bat edo beste eta orduan, berriro bueltan bidaliko zituzten gure bi piztien etxera. Eta orduan, postariaren edota norbaiten erruari esker, nire eskura iristen zen —paketetxo batean igorrita— halako koadrotxo bat, eta orduan nik Ingridi oparitzen nion ezer jakin gabe, eta honen etxean Svenek ikusten zuen koadro hori, eta Sven zeharo harrituta korrika joango zen Markus eta Sam Jori ikusitakoa kontatzera... etabar... etabar...

Hori guztia idatzi nuen, abiada batean, ene koaderno sekretuan. Eserlekutik zutitu eta leihora joan nintzen. Ezkerraldera begiratu nuen eta ez nuen ezer ikusi, errepidea lasai eta isilik; eskubirantz begiratu nuen, lakurantz, eta juxtu orduan bizikleta bat iristen zela lakuraino iruditu zitzaidan. Bai. Halaxe zen. Norbait jaitsi zen bizikletatik eta zurezko eserleku luze haietako batean eseri zen lakuari begira. Neska bat zela iruditu zitzaidan. Iruditu zitzaidan... Bai, bera zela ematen zuen.

Jaitsi eskailerak korrika eta etxetik aterata sprint azkar batean inguratu nintzen lakuraino. Bai, bera zen. Baina triste zegoen. Negarrez zegoela edo erdi-negarrez zirudien. Marja zen.

—Kaixo, Marja —esan nion.

Ez zuen atzerantz, niregana, burua jiratu. Burua jaitsi zuen azkar, agur esango balit bezala. Bere ondoan eseri nintzen. Bai, erdi-negarrez zegoen. Triste zegoen bera eta triste nengoen ni. Ederki geunden biok. Aurpegira begiratu nion. More-morea zeukan begi bat. Begizuloa eta masailalbo-hezurra moratu eta urratuak zituen.

—Erori egin al zara, Marja? —galdetu nion.

Ezezkoa egin zidan burua alde batera eta bestera mugituz.

—Zer gertatu zaizu, orduan?

Besoa altxatu eta eskumuturraz egin zuen atzera eta aurrera bizkor.

—Zer? Norbaitek jo egin al zaitu? —eta galdera amaitu baino lehen kasik baiezko keinua egin zidan buruaz.

—Nork, ordea?

Ordurako ulertzen nuen Marjak ahoa mugitzeko zuen era bitxia. Ongi ahozkatzen baitzuen nahiz eta hitzik ez esan. Keinuak handiak eta garbiak egin ohi zituen edonork ulertzeko moduan.

—Svenek? —nik orduan oso harrituta. Berak baiezkoa egin zidan.

—Eta zergatik?

Oraingoan ez zidan ezer erantzun. Burua makurtu, pittin bat, eta berriro hasi zen negarrez. Negar isila zen, eta ikus nitzakeen bere malkoak begietatik beherantz joaten.

Niri orduan eztarria hasi zitzaidan, berriro eta bat-batean, korapilatzen eta lehortzen. Une batez nik ere begiak itxi nituen eta ez dakit nola esplikatu baina esango nuke segundutxo hori nahikoa izan zela Ingridekin bizi izandako istorio guztia errepasatzeko ziztu bizian, Ingrid ikusi bainuen nirekin goxo-goxo eta segidan nire irudia ezabatu eta beste morroi hori ikusten nuen garbi asko bere kotxe hartan etzanda gainean eta azpian eta leku guztietan Ingrid zeukala...

Niri ere begiak busti egin zitzaizkidan orduan. Berehalaxe konturatu zen orduan Marja horretaz eta berehalaxe utzi zion negar egiteari. Arpegia ere segundo batean aldatu zitzaiola esango nuke, ni egiten ari nintzen eszena hartaz jabetu zenean.

—Zer dugu? Zer gertatzen zaizu Risky? —esaten zidan Marjak ahoa modu bitxi hartan mugitzen zuelarik.

Orduan izan zen lur jo nuenean erabat. Suspirioka hasi nintzen, gero negar batean jarraitu nuen eta ez nintzen gauza izan ezer esateko. Orduan ni ere mutu bihurtu nintzen. Hantxe geunden Marja eta biok, lur jota, etsita eta mutu. Biok mutu.

Konturatu zen Marja ordurako, nahiz eta nik ezin nuen hitzik esan, zer gertatzen zitzaidan eta berehalaxe lotu zuen ene pesadumbrea Ingridekin. Marja eta Ingrid oso adiskide minak ziren aspalditik eta seguru nengoen bazekiela, aspalditik jakin ere, nik eta Ingridek bizi izandakoa eta baita ere, Ingridek aspalditik zuela nobio hori nahiz eta nik ideiarik ez izan...

—Zer da? Ingrid? —jakin nahi izan zuen.

Baina ni ezkontsolagarri nengoen orduan. Hasperenka eta malkoak magdalena baten moduan isurtzen ezin izan nion erantzun.

Berdin zion ordea. Marjak aspalditik zekien nondik zetorren nire sufrimendua.

Atzetik luzatu zidan besoa eta beragana erakarri ninduen. Nik burua bere sorbaldan pausatu nuen. Horrela egon ginen denboraldi batez geldi-geldirik. Halako batean ni lasaitu nintzen eta utzi nion malkoak isurtzeari eta hamar urteko mutiltxo batek bezala jokatzeari. Baretu nintzen erabat, egoera txar hura irauli nahian, eta gizondu egin nintzen bat-batean nire adinera berriro itzuli arte. Orduan Marja zutitu egin zen eta nire eskutik helduz atzetik eraman ninduen.

Bizikletara igo zen eta keinuz nik ere har nezala nirea agindu zidan. Halaxe egin nuen nik ezer esan edo galdetu gabe. Garajera joan eta nire bizikleta atera nuen. Ordurako errepideko bidegurutzean zegoen nire zain. Bere parean jarri nintzenean atzetik segitzeko keinua egin zidan.

Ezagutzen nuen nik lehendik ere Marjaren etxea. Auzo berean egonda, ez zegoen oso urruti. Harritxintxarreko bidexkatik sartu ginen eta bere etxea alde batera utziz barruraino jarraitu genuen, basotxo bat hasten zen lekuraino, han non Marjaren familiak udako etxea zeukan eraikia. Utzi genituen bizikletak lurrean botata eta barrura sartu ginen. Bazirudien Marjak lehengo ildo beretik jarraitu nahi zuela eta horretara, nik bizikleta utzi bezain aguro heldu zidan berriro eskutik. Ilun samar egin zitzaidan hasieran gela hura. Beti ere Marjaren eskutik ohe ertzeraino iritsi ginen.

Ordurako hobeto geunden biok, lasaituta eta sosegu on batean. Lehen muxuarekin joan ginen biok poliki-poliki atzerantz eta berehalaxe aurkitu ginen, ohearen luzera handia aprobetxatuz, etzanda. Ni baino pittin bat altuagoa da Marja, gorputz ederrekoa eta hala, muxukatzen ari ginela, bere ileadatsa aupegira jausten zitzaidan urjausi dultzea bailitzan. Logela ilun-ilun zegoen ordurako. Nire eskuek, orduan, pianojole batenak ziruditen eta Marjaren eskuek, gainera, klabezinjole batenak. Bero handia egiten zuela sentitu nuen orduan.

Berandu samar izango zen, dudarik gabe, etxera itzuli nintzenean. Halere, gauza benetan harrigarria, etxeko argi guztiak —pasilukoak, sukaldekoak, saloikoak— piztuta aurkitu nituen.

Sukaldera sartu eta inondik ere espero ez nuena aurkitu nuen bertan. Mahaian eserita aurkitu nuen Birgitta (eta hori oso normala zen), Jan Blaidberg (eta hori normala zitekeen) eta... gure aita!!! (Hori ez baitzen batere normala). Afaltzen (edota agian, birrafaltzen) ari ziren hizketan, barrezka eta umore onez. Nonbait amaituak rituzten beren lanak eta ospatzeko, etxean berriro bueltan, botila bat ardo zuri ari ziren amaitzen ni ailegatu nintzenean. Lehen agurrak eta ongi etorriak egin genituen, nire aldetik nahiko harrituta.

—Baina, zer egiten duzu hemen? —galdetu nion aitari.

—Nola zer egiten dudan hemen? Zer nahi duzu, bizitza osoa lan eta lan ematea ala?

—Beraz, amaitu duzu dena?

—Horixe baietz. Eta bazen garaia —erantzun zidan aitak irribartsu. Ikusten zen umore onez etorri zela—. Baina, ez al zenuen nire abisua irakurri?

—Irakurri? Baina zer abisu?

—Nola zer abisu? Nik bialdutakoa.

—Zuk bialdutakoa?

—Bai. Ez al dituzu jaso egunero-egunero nik bialdutako paketetxo batzuk?

Orduan ulertu nuen dena, hasiera-hasieratik. Aitak bialdutako paketeak ziren haiek orduan... Hasieran ez baina gero harturiko susmoa orain egia bihurtua zen. Eta egia zen, baita ere, azken paketea —nire sumindura eta depresioari esker— ez nuela ireki ere egin eta nonbait, juxtu hortxe esplikatzen zidan aitak dena, paketeen jokua eta iragartzen zidan gainera noiz itzuliko zen etxera.

—Ba, bai, Risky, nik bialdu dizkizut paketetxo horiek. Horrela, egunero-egunero bat jasoz, bakarrik sentitu ez zintezen eta zure burua distraitzeko modua izan zenezan.

—Bai? Eta lehen eguneko paketea zer? Hona etorri eta biok hemen gosaltzen geundela jaso nuen nik lehenengo paketea eta hori...

—Hori ere —moztu zidan aitak irribartsu eta garaile itxuraz— nik igorri nizun, bezperan eta Stockholm-eko tren geltokian geundela zu distraiturik zeunden une batean, aldizkari eta egunkarien kioskoan.

—Nola disfrutatzen duzun, e! —esan nion aitari zerbait esatearren— ume bat ematen duzu, gure anaia txikia ematen duzu.

—Ja, ja, ja... —aitak lana bukatua zuen Suedian eta, ikusten zenez, oso pozik zegoen. Pozik lana ongi amaitzeagatik eta pozik etxera itzuliko zelako—. Helduak batzuetan ume bihurtzen gara eta alderantziz.

Iritsia zen eguna. Biharamunean hartu behar genuen trena Stockholmera joateko. Eta han, abioia hartuko genuen eta etxera, Euskal Herrira.

Laurok gosaldu genuen sukaldean. Blaidbergtarrak, beti bezain zintzo eta leial, prest azaldu ziren gu tren geltokiraino eramateko. Amaitu genuen gosaria eta aitatxo logelara igo zen azken prestaketak burutzera. Nik, ordea, banuen beste eginbehar bat.

Ene koaderno sekretutik hiru orrialde atera nituen eta gutunazal batean sartu. Horrekin batera beste orritxo bat, aurretik zirriborratua, sartu nuen. Sukaldetik garajera joan nintzen eta han, bizikleta hartu nuen. Berehalaxe ailegatu nintzen Marjaren etxeraino. Etxe aurreko bere buzoian sartu nuen gutunazala. Bertan bezperan idatzi nuen txosten guztia uzten nion, faltsifikazio istorio guztia argitzen zuena eta, baita ere, (eta hau bereziki Marja asko poztuko zuen berria zen) esplikatzen nion nola zegoen Sven lan horretan buru-belarri endredaturik.

Marjak jakingo zuen zer egin informazio guzti horrekin.

Gainera beste orri bat erantsi nion. Bertan bezperan udako etxean bizi izandako gau ederra gogoratzen nuen. Nire etxeko helbidea eta telefono zenbakia luzatzen nion eta, amaitzeko, hitz goxo batzuk jartzen nizkion. Horrek zerbaiten hasiera izan zitekeela esan nahi zuen, eta hasi berria zen hark jarraipena izan zezakeela noizpait bai Euskal Herrian nola Suedian ere. Gutuntxo honekin nik ematen nuela lehen pausoa esaten nion Marjari eta orain ni geratzen nintzela zain.

Marjak jakingo zuen zer egin gutun horrekin.

Gutunazala buzoian sartu eta berriro bizikleta hartuz etxerantz abiatu nintzen korrika.

AURKIBIDEA

LIBURU HAU
TIMES FAMILIAKO
LETRA MOTAK ERABILIZ
INPRIMATUA IZAN DA.